"十二五"普通高等教育本科国家级规划教材

画法几何习题集

Huafa Jihe Xitiji

第五版

大连理工大学工程图学教研室 编

高等教育出版社·北京

内容提要

本修订版是在大连理工大学工程画教研室编《画法几何习题集》（第四版）的基础上修订而成的，与大连理工大学工程图学教研室编《画法几何学》（第七版）配套使用，本套教材是普通高等教育"十一五"国家级规划教材和"十二五"普通高等教育本科国家级规划教材。

本习题集可作为高等学校机械类各专业的教材，也可供其他类型学校有关专业选用。

图书在版编目（CIP）数据

画法几何习题集 / 大连理工大学工程图学教研室编. —5 版. —北京：高等教育出版社，2011.6（2024.5重印）
ISBN 978–7–04–031885–2

Ⅰ.①画… Ⅱ.①大… Ⅲ.①画法几何–高等学校–习题集 Ⅳ.①O185.2-44

中国版本图书馆 CIP 数据核字（2011）第 120583 号

策划编辑	肖银玲	责任编辑	肖银玲	封面设计 于文燕	版式设计 王 莹
责任绘图	肖银玲	责任校对	陈旭颖	责任印制 高 峰	

出版发行	高等教育出版社	网 址	http://www.hep.edu.cn
社 址	北京市西城区德外大街 4 号		http://www.hep.com.cn
邮政编码	100120	网上订购	http://www.landraco.com
印 刷	固安县铭成印刷有限公司		http://www.landraco.com.cn
开 本	787mm×1092mm 1/16		
印 张	8	版 次	1979 年 5 月第 1 版
字 数	210 千字		2011 年 6 月第 5 版
购书热线	010–58581118	印 次	2024 年 5 月第 20 次印刷
咨询电话	400–810–0598	定 价	16.70 元

本书如有缺页、倒页、脱页等质量问题，请到所购图书销售部门联系调换
版权所有 侵权必究
物 料 号 31885-A0

第 五 版 序

　　本习题集与大连理工大学工程图学教研室编《画法几何学》（第七版）配套使用，本套教材是普通高等教育"十一五"国家级规划教材和"十二五"普通高等教育本科国家级规划教材。习题编号采用双号制，即"×-×"，前一数码表示对应的《画法几何学》（第七版）的章次，后一数码为该章内容的题目序号。加*号的题目为选作题。

　　本习题集是在第四版的基础上，根据配套教材《画法几何学》（第七版）的内容进行了相应的修订。配套的电子解题指导也做了相应修订。

　　本习题集的题目适当多编了一些，以便于教师根据需要进行取舍。

　　本修订版由王丹虹、柴晓艳主编，参加修订工作的有大连理工大学工程图学教研室王丹虹、柴晓艳、高菲。配套电子解题指导的修订由陈霞完成。

　　本修订版由高等教育出版社约请北京科技大学窦忠强教授审阅，在此深表谢意。

　　限于水平，本习题集中一定存在一些缺点、错误，望读者批评指正。

编　者
2010 年 12 月

解题注意事项

1. 在解题之前，必须先复习相应的理论部分。
2. 解题时，首先应看懂题意，按已知条件想象出空间意义，并根据几何原理进行分析，确定空间解题步骤，然后再根据投影原理作图。
3. 必须用绘图工具（铅笔、三角板、圆规、分规等）准确地作图，但允许用颜色铅笔作图以增加解题的明显性。
4. 作图时所采用的图线应符合国家标准的规定，并参照本习题集中各图例的线型粗细画出。
5. 在作图时所用标记如下：

（1）空间点用大写字母 A、B、C……表示；投影轴用大写字母 X、Y、Z 表示；投影面用大写字母 V、H、W 表示；换面法中的新投影面用大写字母右下角加数字，如 H_1、V_1、H_2……表示。

（2）点的水平投影用 a、b、c……表示。

（3）点的正面平投影用 a'、b'、c'……表示。

（4）点的侧面投影用 a''、b''、c''……表示。

（5）平面迹线在代表面的字母右下角加投影面名称表示之，如 P_H、P_V、P_W……表示。

（6）以 mm（毫米）为长度单位。

目 录

内 容	题 号	页 码
第一章 绪论（略）		
第二章 点	2-1～2-6	1～2
第三章 直线	3-1～3-30	3～12
第四章 平面	4-1～4-16	13～18
第五章 直线与平面的相对位置、两平面的相对位置	5-1～5-28	19～28
第六章 投影变换	6-1～*6-33	29～43
第七章 基本立体	7-1～7-24	44～56
第八章 平面与立体相交、直线与立体相交	8-1～8-21	57～68
第九章 两立体相交	9-1～9-34	69～90
第十章 曲线	10-1～10-3	91～92
第十一章 曲面	11-1～11-5	93～95
第十二章 立体的表面展开	12-1～12-6	96～100
第十三章 轴测投影	13-1～13-9	101～105
第十四章 透视投影	14-1	106
复习测验题	1～45	107～120

第二章 点

2-1 已知点 T 的坐标为 (20,15,20)，点 S 的坐标为 (30,0,10)，作它们的三面投影图和直观图。

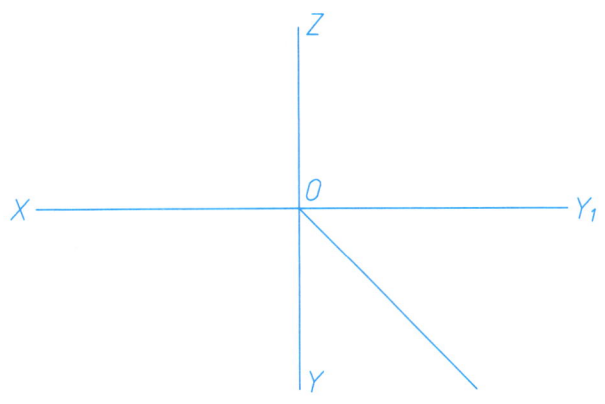

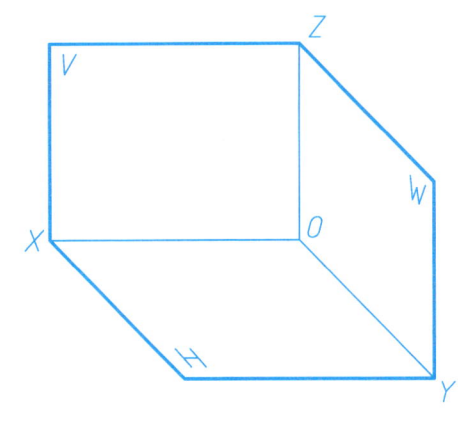

2-2 已知点 B 在点 A 左方 10 mm，下方 15 mm，前方 10 mm；点 C 在点 A 的正前方 15 mm；作点 B 和点 C 的三面投影。

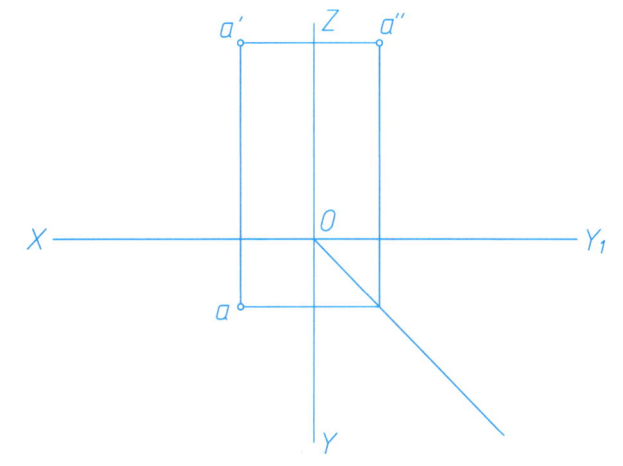

2-3 已知各点的两面投影，画第三面投影。

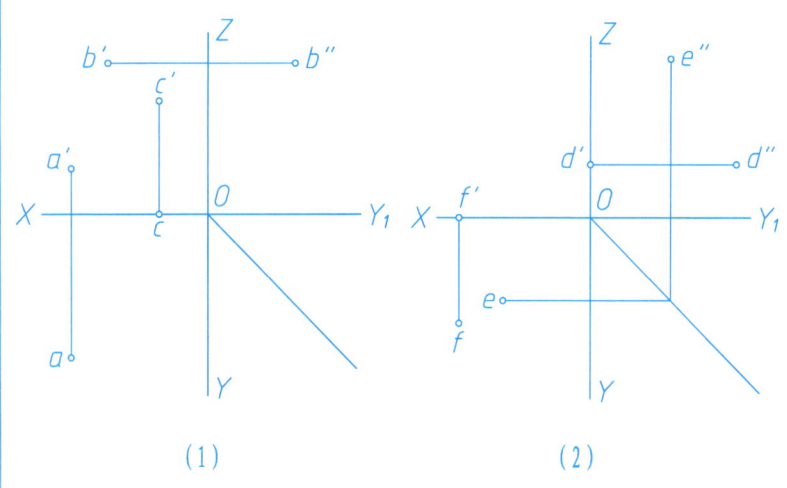

(1)　　　　　　(2)

班级　　　　姓名　　　　学号

2-4 判别下列各对重影点的相对位置（填空）。

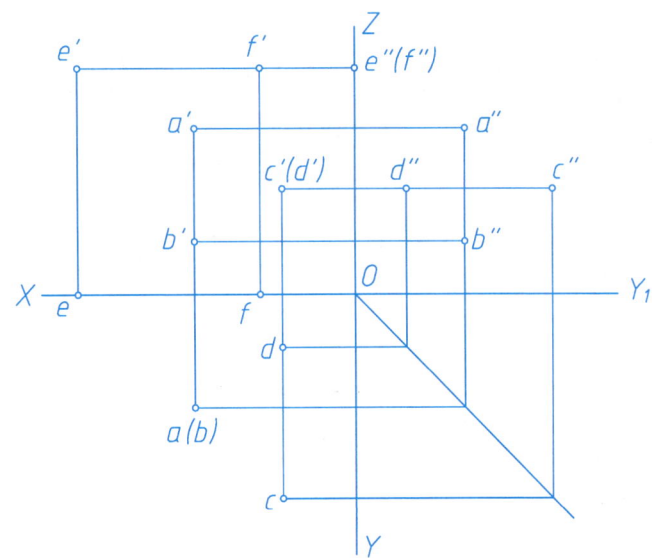

1. 点A在点B的____方____mm。
2. 点D在点C的____方____mm。
3. 点F在点E的____方____mm，且该两点均在____面上。

2-5 已知点M、N、K、L的空间位置，作投影图。

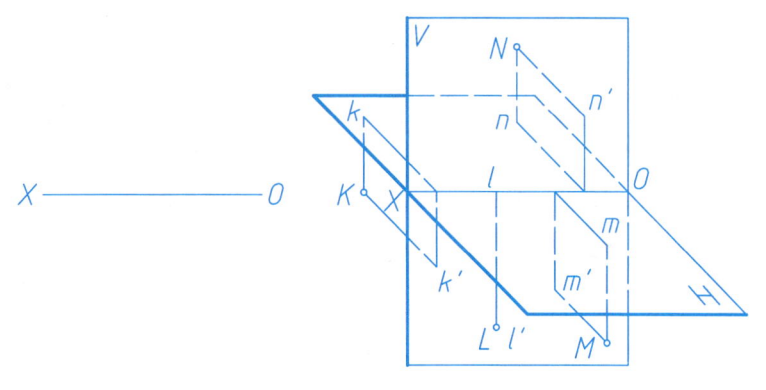

2-6 判断各点位于哪个分角。

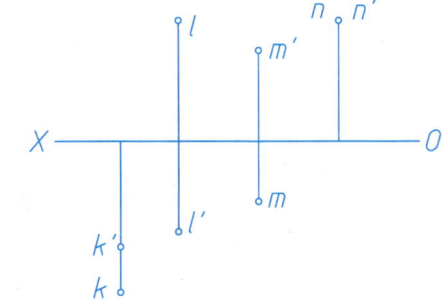

点K在 第__分角。

点L在 第__分角。

点M在 第__分角。

点N在 第__分角。

第三章 直 线

3-1 画出下列直线段的第三投影，并判别其与投影面的相对位置。

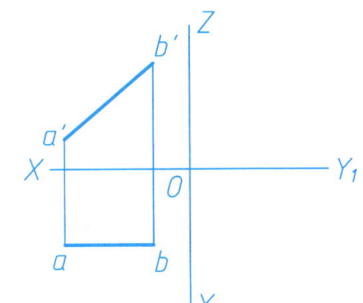
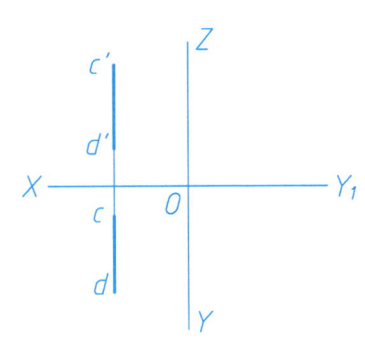
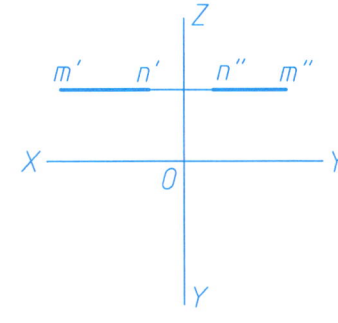
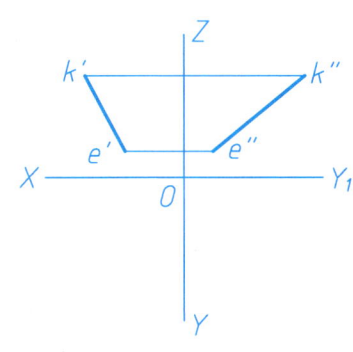

(1) _____线　　(2) _____线　　(5) _____线　　(6) _____线

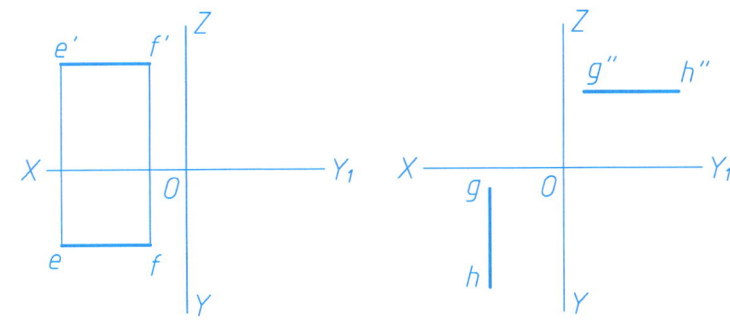

(3) _____线　　(4) _____线

3-2 分别以点A和点B为端点作线段AC和BD。它们的实长均为25 mm，其中AC为水平线，$\gamma = 30°$；BD为侧平线，$\alpha = 60°$。（只画出一解，并分析本题可有几解。）

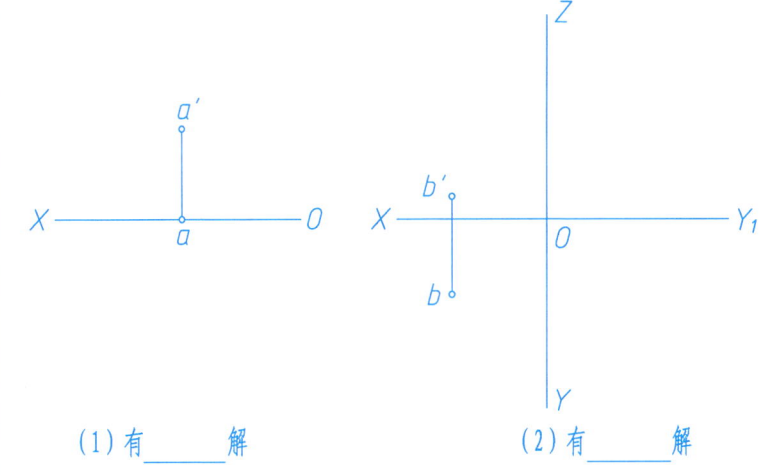

(1) 有____解　　(2) 有____解

3-3 求作线段 AB 对 H 面的夹角 α 和线段 CD 对 V 面的夹角 β。

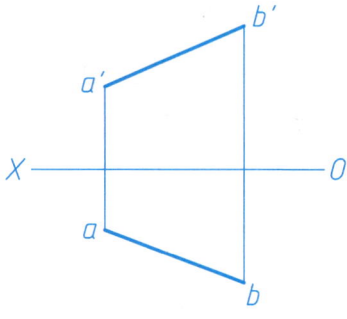

(1)

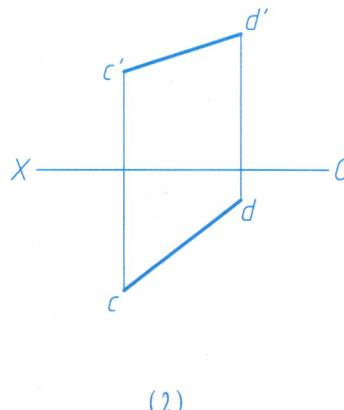

(2)

3-4 求作各线段实长（若有投影反映实长，指明即可）。

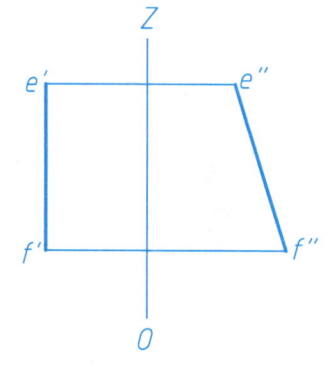

(1)

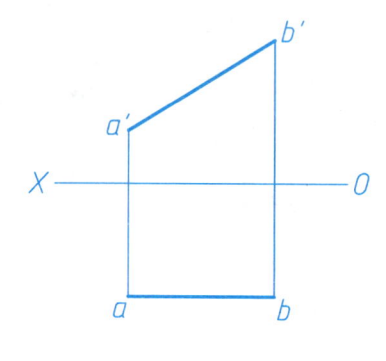

(2)

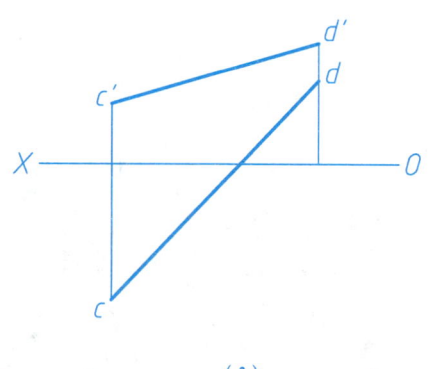

(3)

3-5 求作各线段实长。

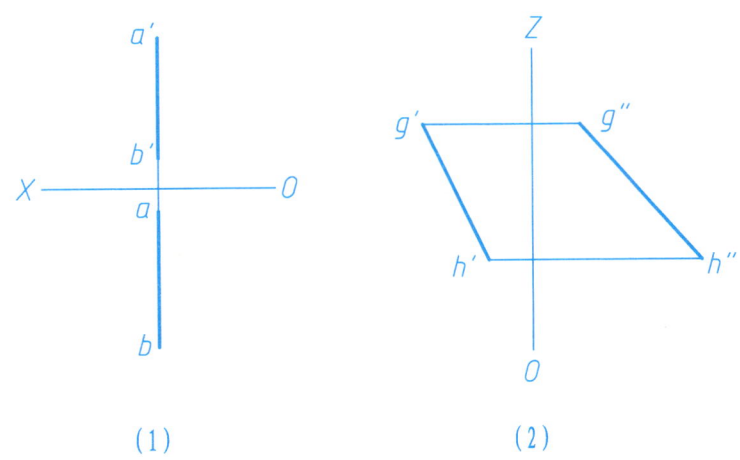

(1)　　　　　　　　(2)

3-6 已知线段 RS 的长度 L，求作 rs。

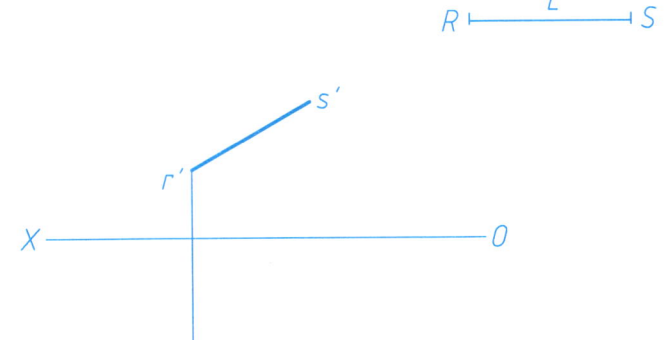

3-7 已知线段 AB 与 H 面的夹角 α = 30°，(1) 求作正面投影；(2) 求作水平投影。

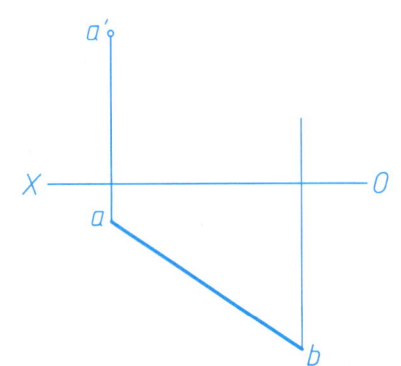

(1) 有＿＿＿解

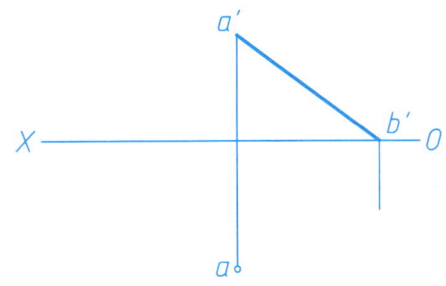

(2) 有＿＿＿解

3-8 已知线段 KM 的实长为 32 mm，以及投影 k'm' 和 k，完成 km；在 KM 上取 KN = L，求作点 N 的投影。

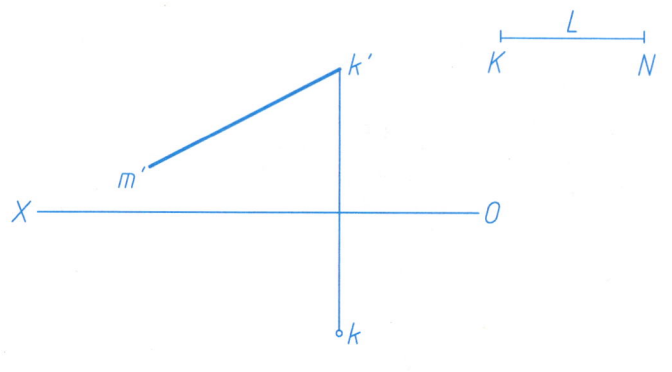

3-10 在已知线段 AB 上求一点 C，使 AC : CB = 1 : 2，求作点 C 的两面投影。

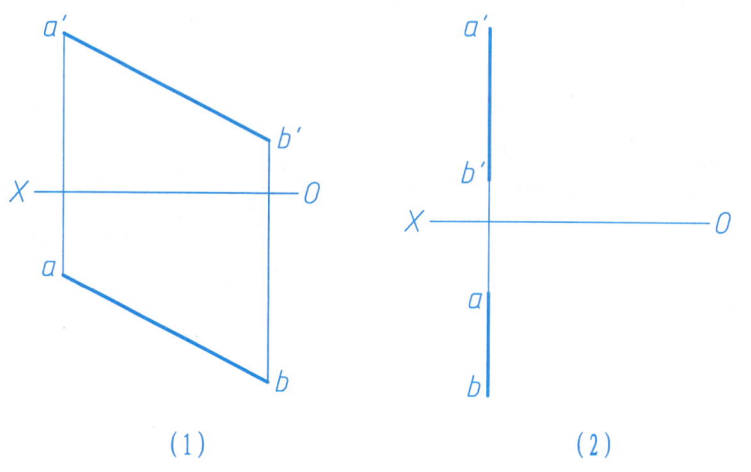

(1)　　　　　　　　　　　(2)

3-9 在线段 AB 上求作一点 F，使点 F 到 V 面的距离为 20 mm。

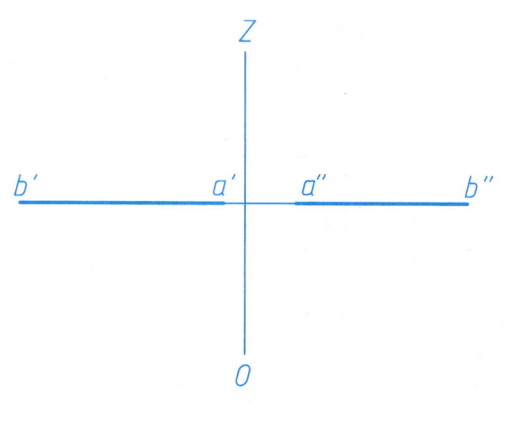

3-11 已知线段 CD 的投影，求作属于线段 CD 的点 E 的投影，使 CE 的长度等于 25 mm。

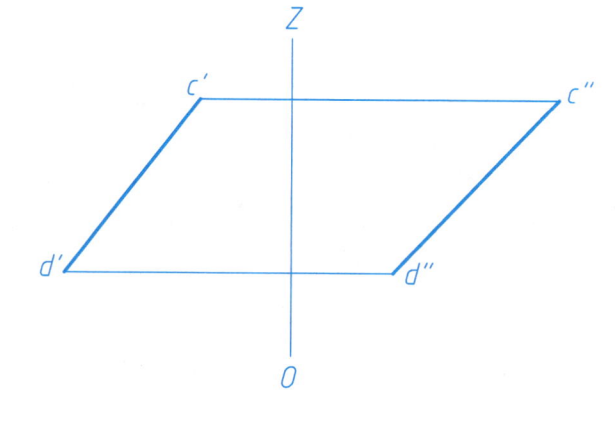

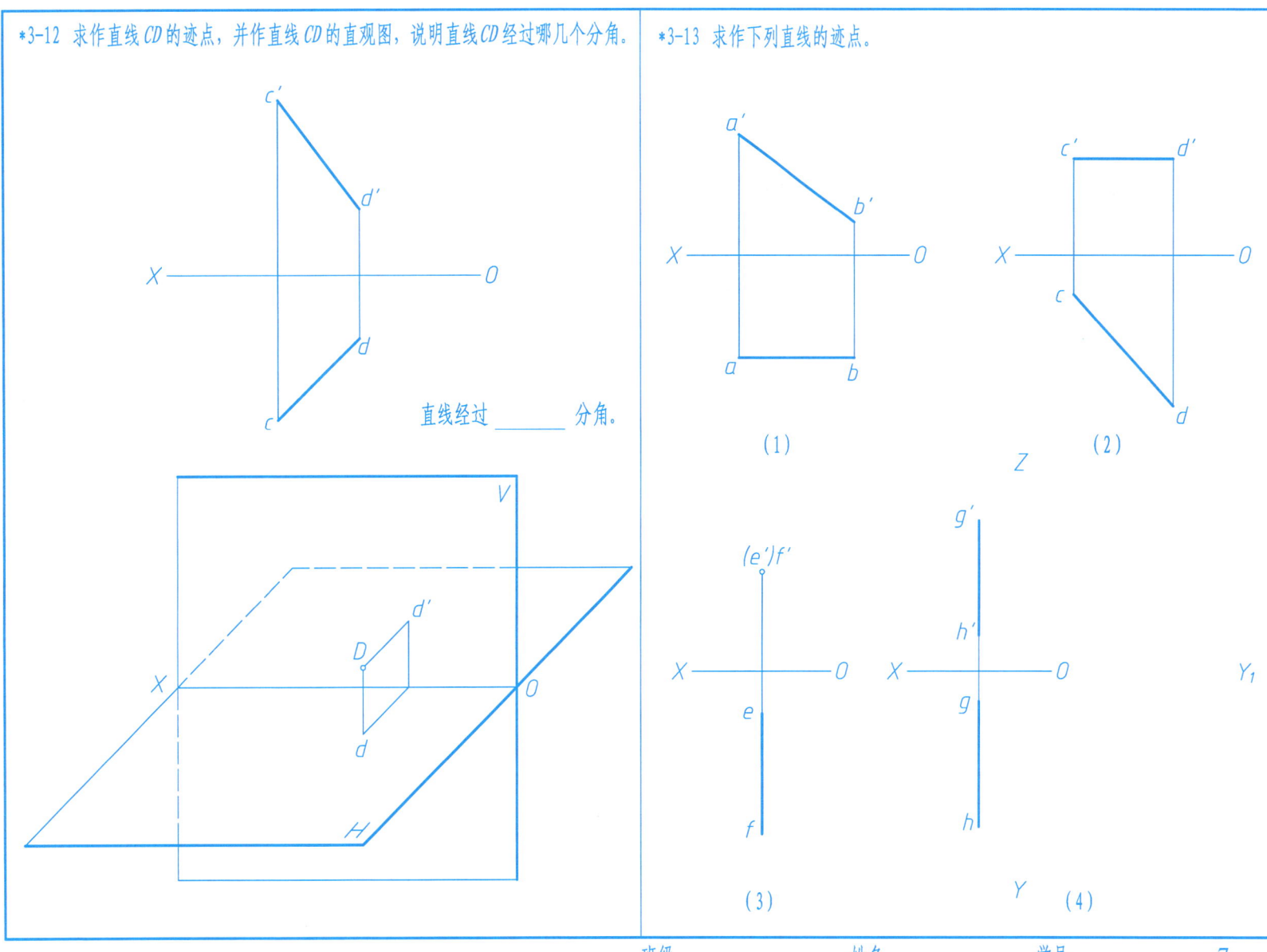

3-14 判别直线 AB 与 CD 的相对位置,将答案写在指定位置。

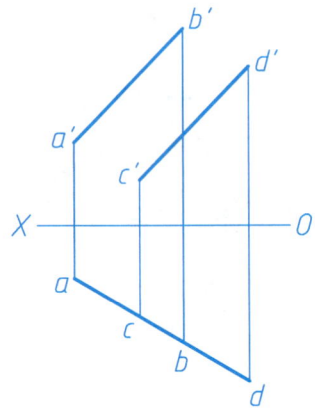

(1) _____

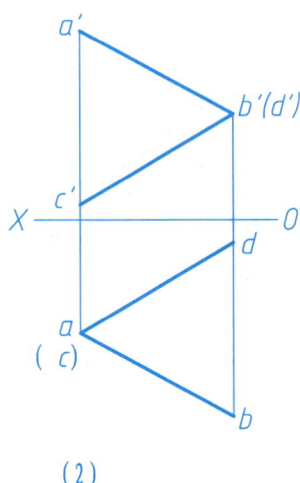

(2) _____

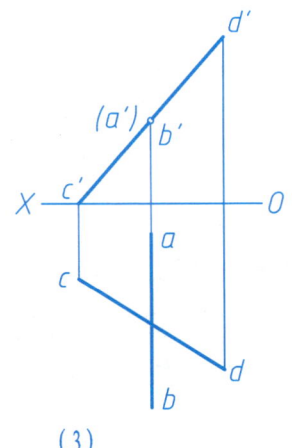

(3) _____

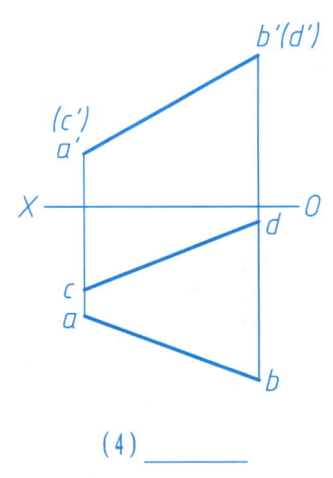

(4) _____

3-15 作图判别直线 AB 与 CD 的相对位置,并将答案写在指定位置。

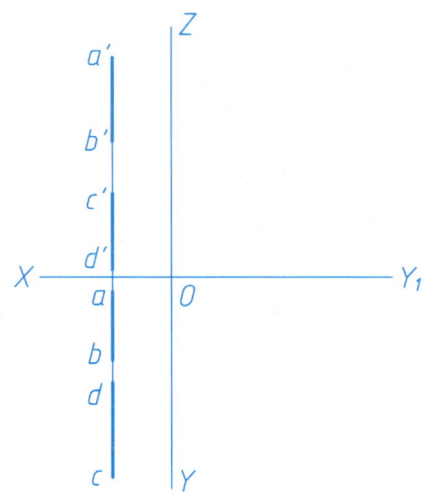

(1) _____

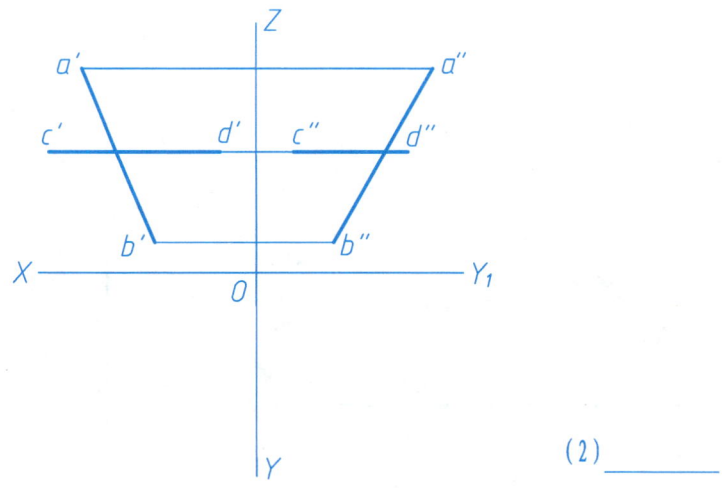

(2) _____

3-16 标出线段 AB 与 CD 的重影点，并判别可见性。

3-17 求作一直线 MN 与直线 AB 平行，且与直线 CD 相交于点 N。

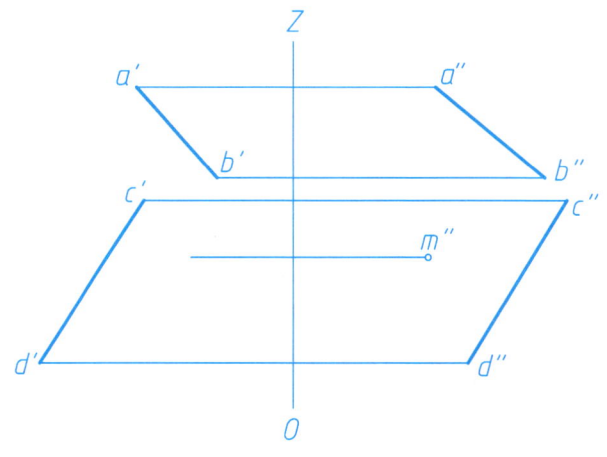

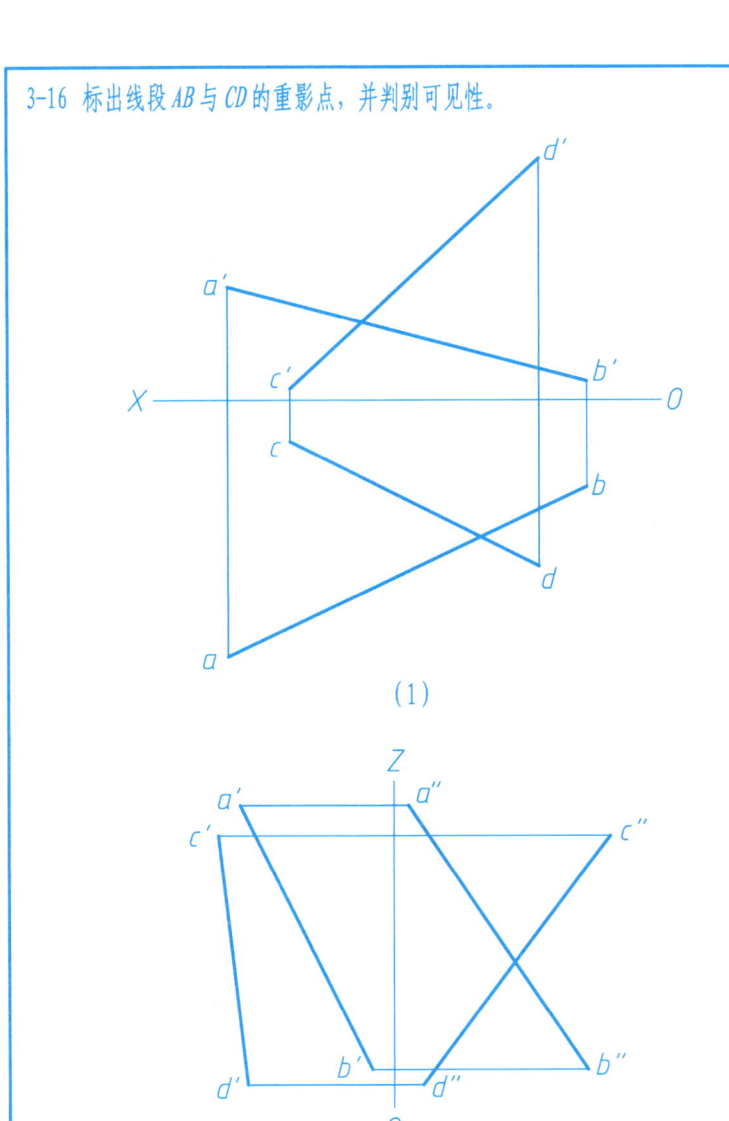

(1)

(2)

3-18 过点 A 作直线 AB，使其平行于直线 DE；作直线 AC 使其与直线 DE 相交，其交点距 H 面为 20 mm。

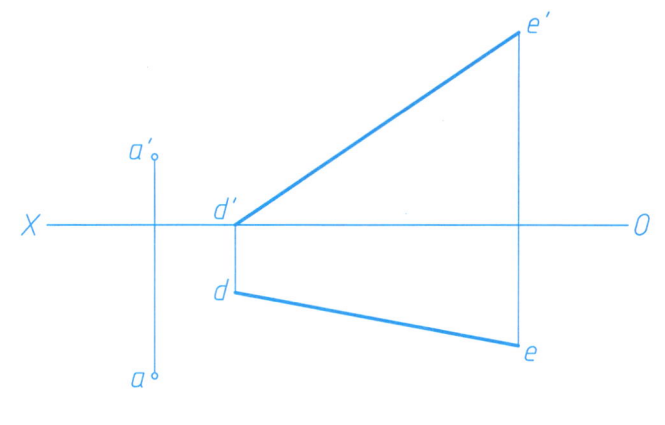

3-19 作一直线 GH 平行于直线 AB，且与直线 CD、EF 相交。

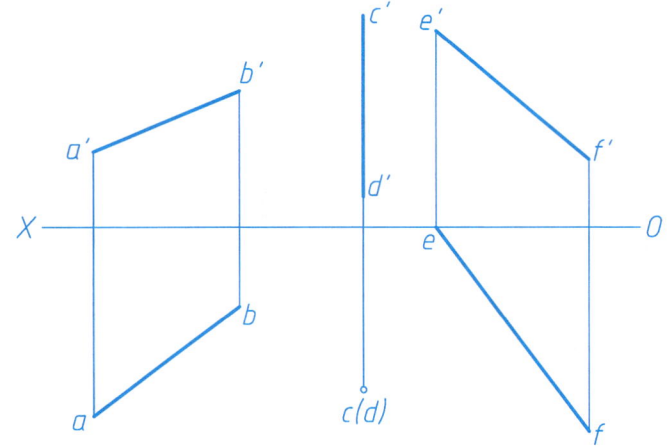

3-21 已知正平线 CD 与直线 AB 相交于点 K，AK 的长度为 20 mm，且 CD 与 H 面的夹角为 60°，求 CD 的两面投影。

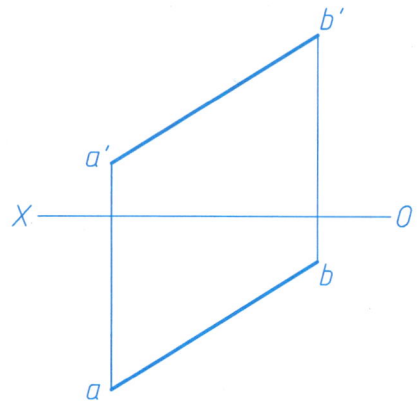

3-20 作一直线，使它与直线 AB 及 CD 均相交，且平行于 OX 轴。

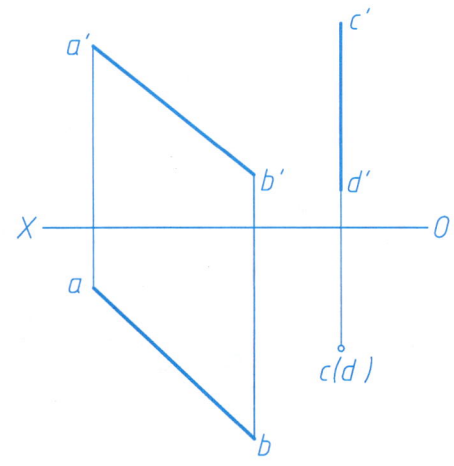

3-22 求作一直线 MN，使它与直线 AB 平行，并与直线 CD 相交于点 K，且 CK:KD = 1:2。

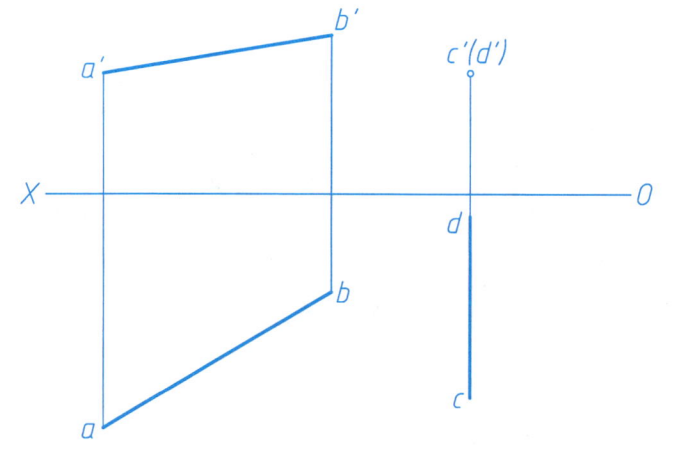

3-23 过点K作直线KF与直线CD正交。

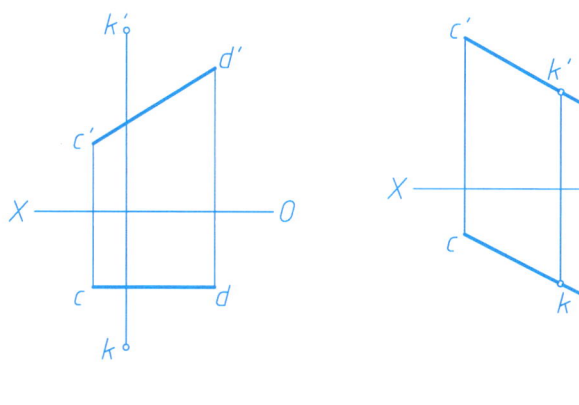

(1)　　　　　　(2)

3-25 一等腰直角△ABC，AC为斜边，顶点B在直线NC上，完成其两面投影。

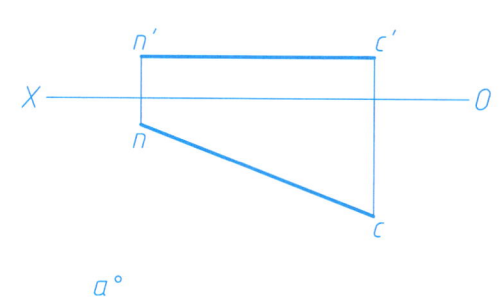

3-24 过点A作直线AB与直线CD正交。

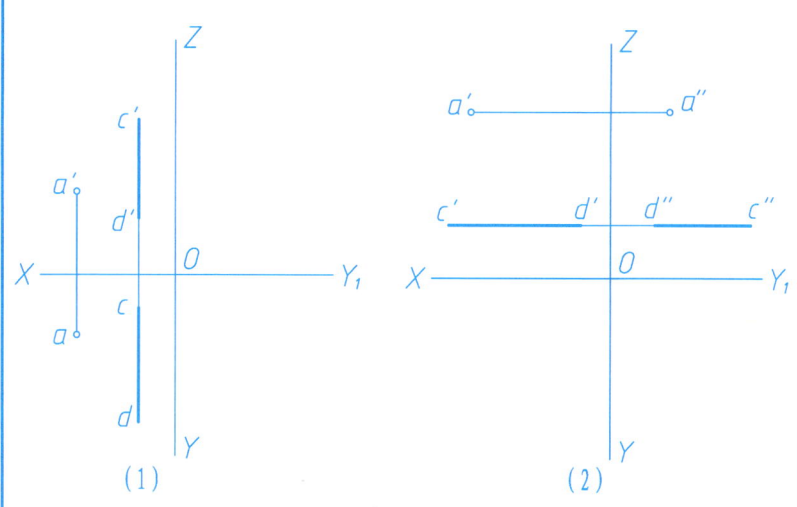

(1)　　　　　　(2)

3-26 已知直线AB与CD垂直相交，求作$c'd'$。

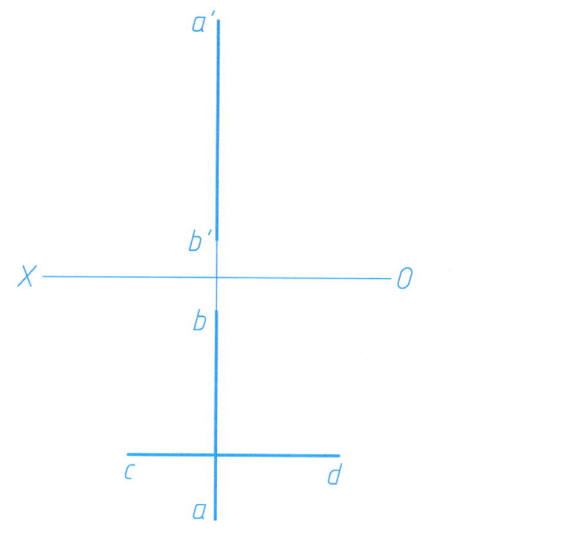

3-27 已知矩形 ABCD，完成其水平投影。

3-29 求作直线 AB 与 CD 之间的距离。

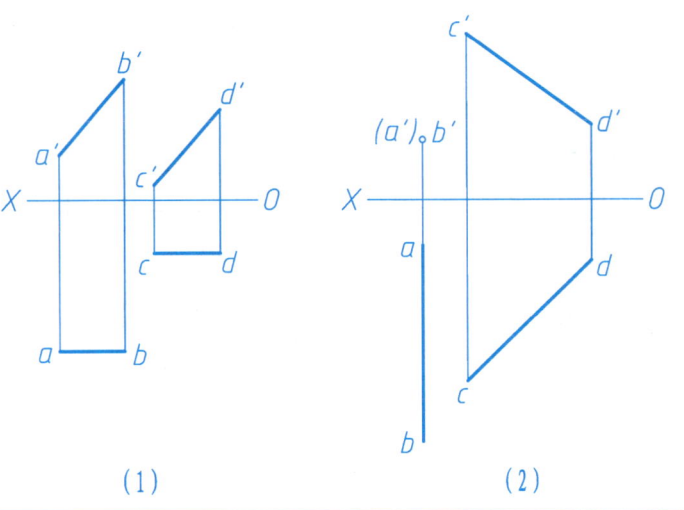

(1)　　　　　　　　(2)

3-28 已知菱形 ABCD 的对角线 BD 的投影和另一对角线端点的水平投影 a，完成菱形的两面投影。

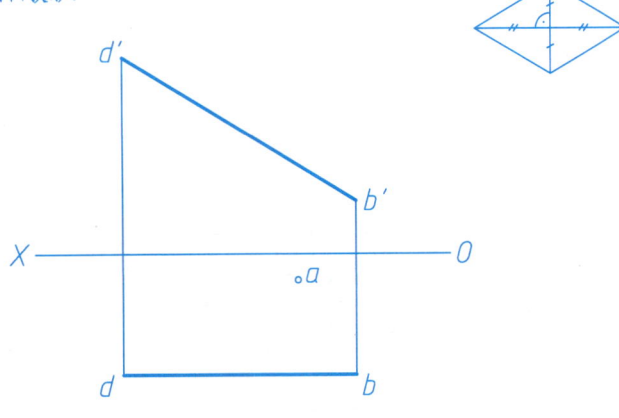

3-30 作等边 △ABC，顶点为 A，使 BC 属于直线 EF。

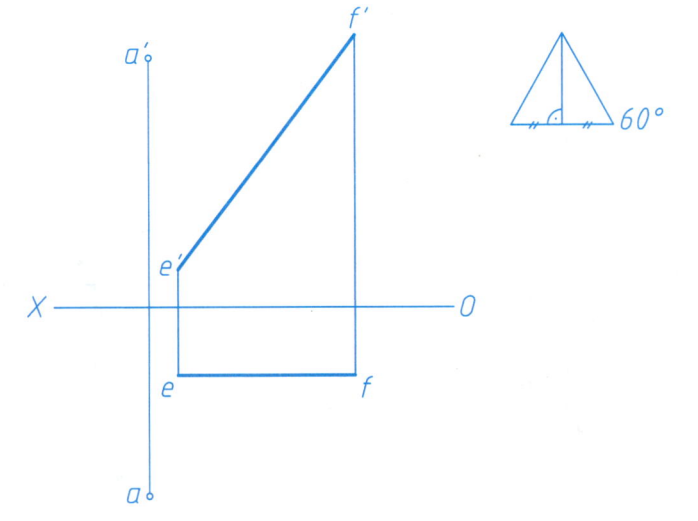

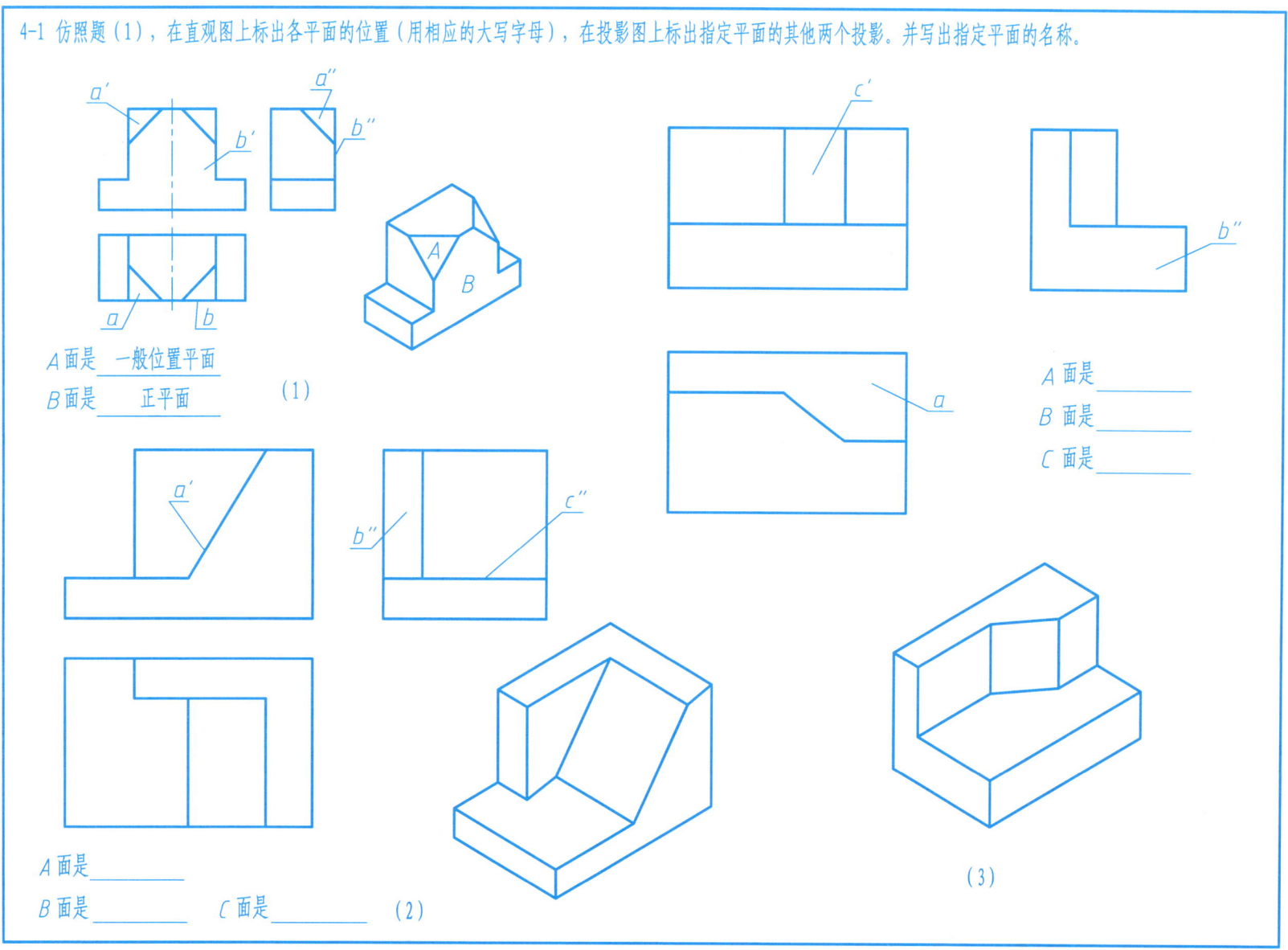

4-2 完成下列平面图形的第三面投影，并求作属于平面的点 K 的另两面投影。

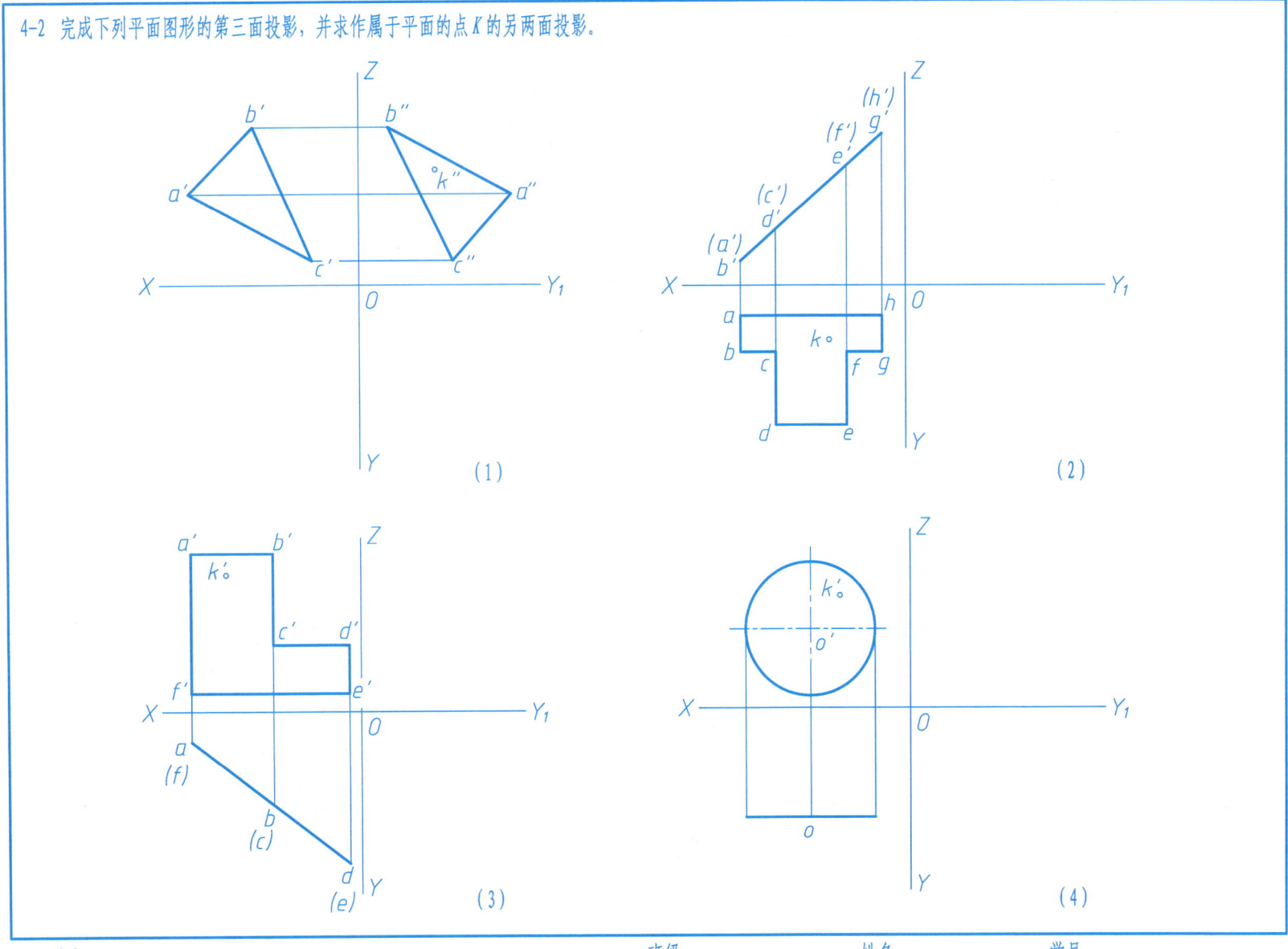

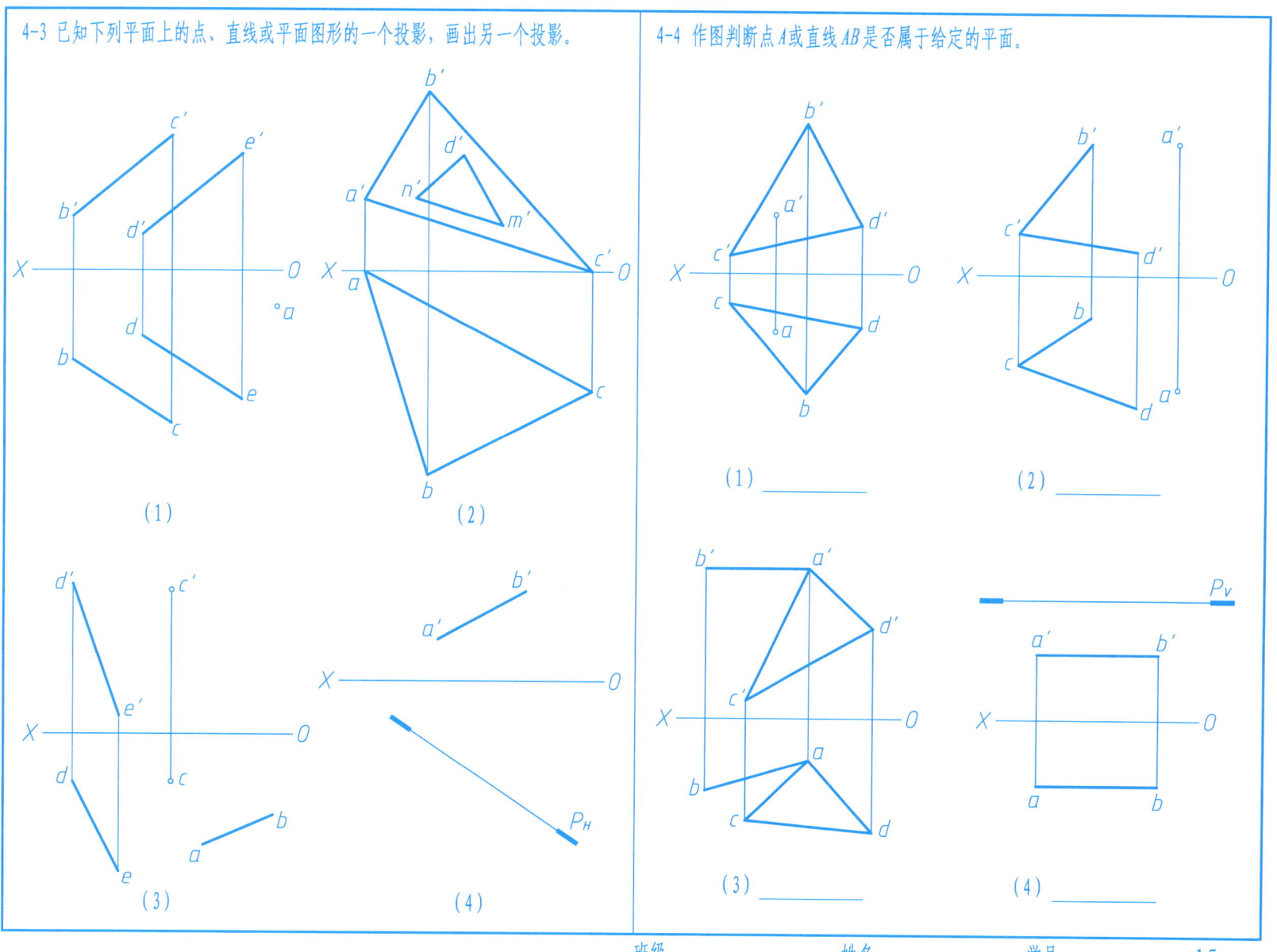

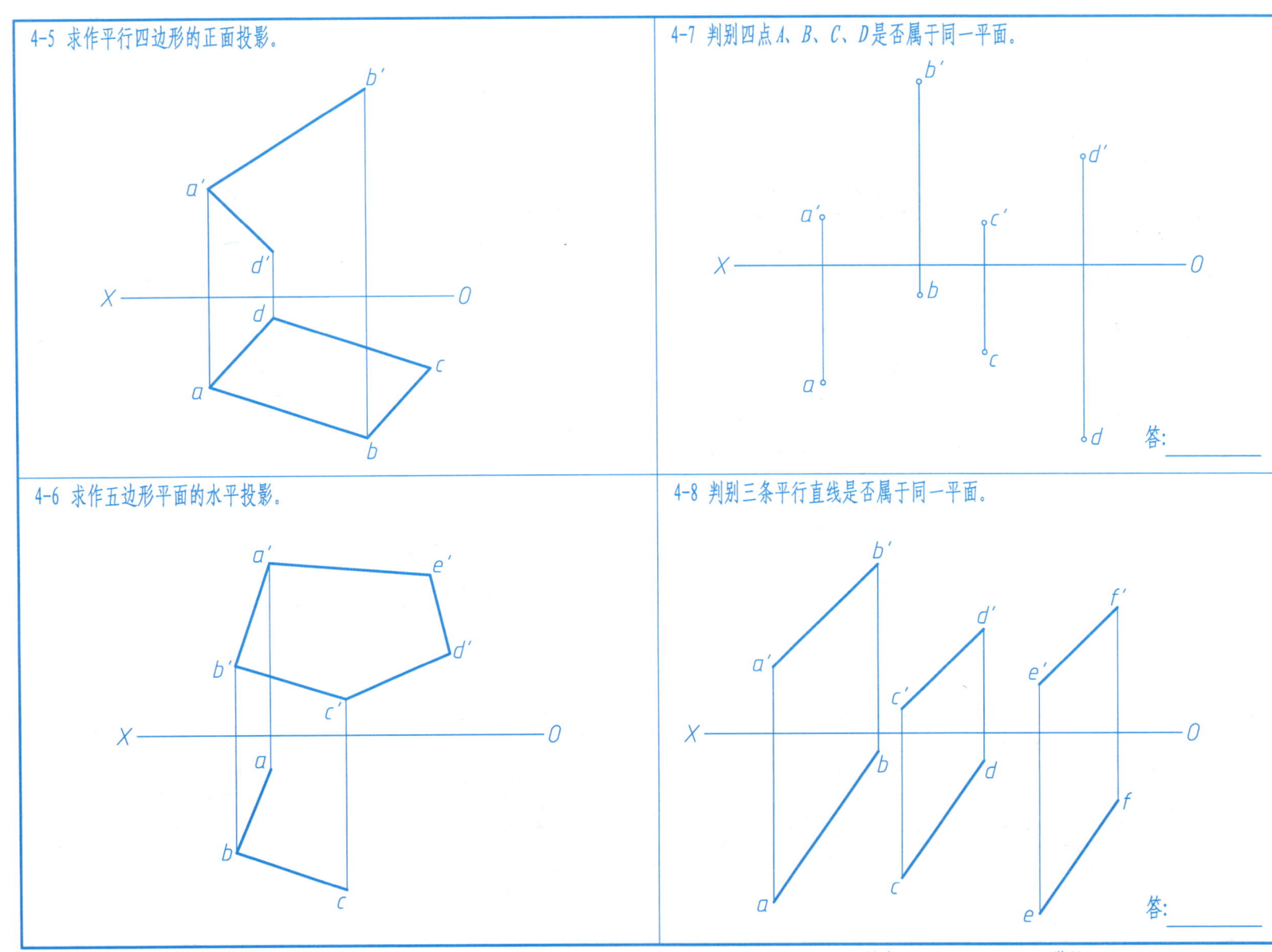

4-9 过线段 AB 作投影面垂直面（用迹线表示），求作所有解。

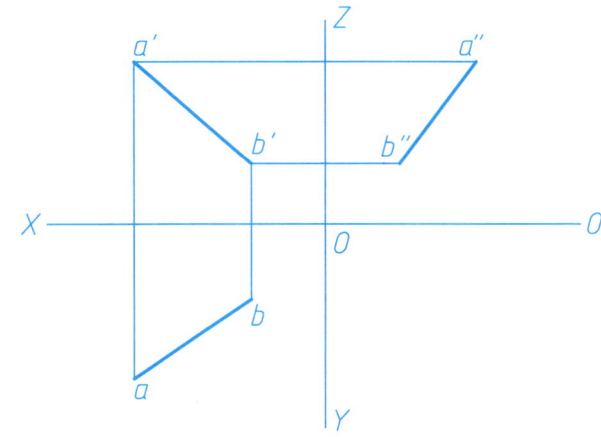

4-11 给定一平面 △ABC，作属于该平面的水平线，该线在 H 面上方，且距 H 面 10 mm；作属于该平面的正平线，该线在 V 面前方，且距 V 面 15 mm。

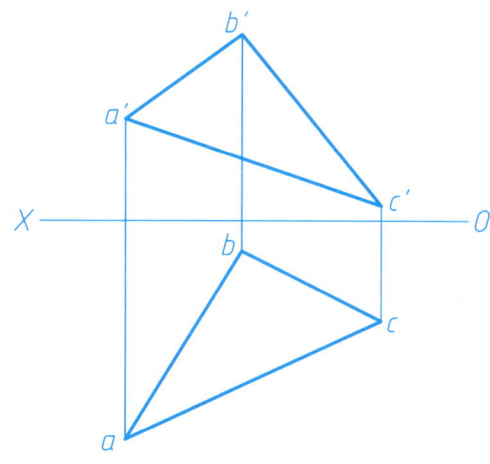

4-10 过下列线段作投影面平行面。(1)、(2) 题用三角形表示，(3)、(4) 题用迹线表示。

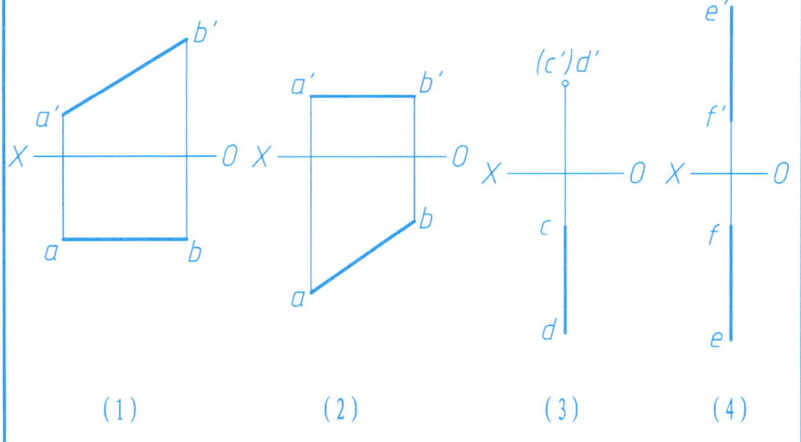

(1)　　　(2)　　　(3)　　　(4)

4-12 给定一平面 △ABC，过点 A 作属于该平面的两直线，此两直线与 H 面都成 60°。

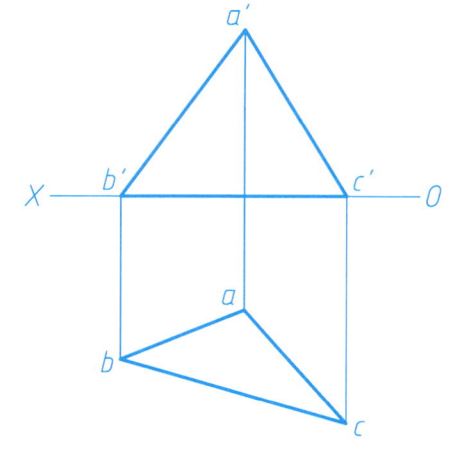

4-13 求相交两线段 AB 和 AC 给定的平面对 H 面的夹角 α；求 △DEF 所给定的平面对 V 面的夹角 β。

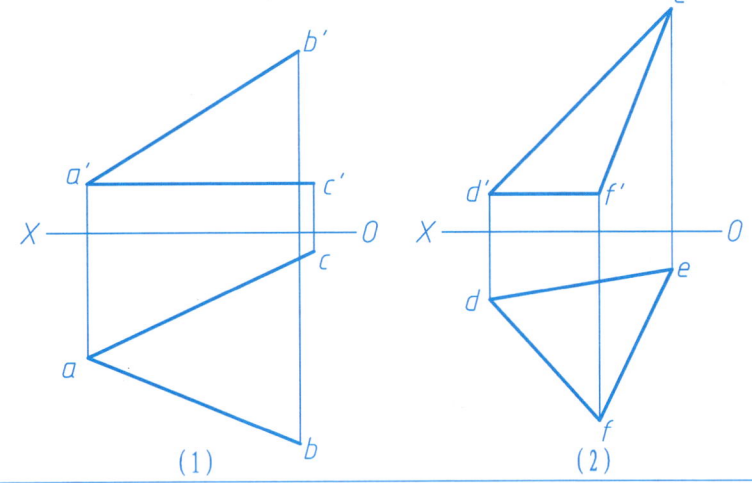

(1)　(2)

4-15 已知线段 AB 是属于平面 P 的一条水平线，并知平面 P 与 H 面的夹角为 45°，作出平面 P。

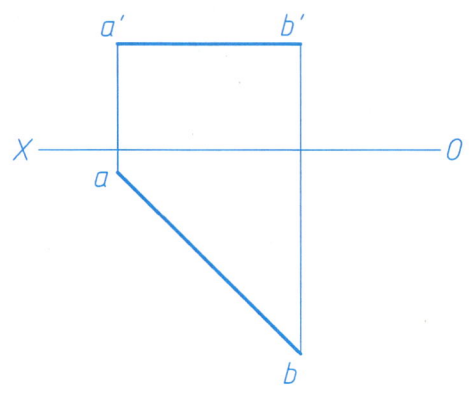

4-14 已知线段 AB 为某平面对 H 面的最大斜度线，求作属于该平面且距 V 面为 20 mm 的正平线 CD。

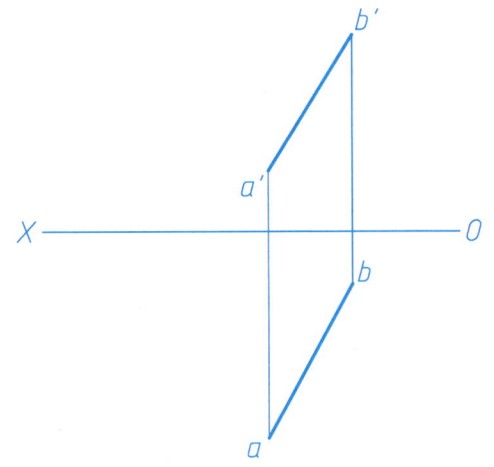

4-16 已知线段 AB 为某平面对 V 面的最大斜度线，并知该平面与 V 面夹角 β = 30°，求作该平面。

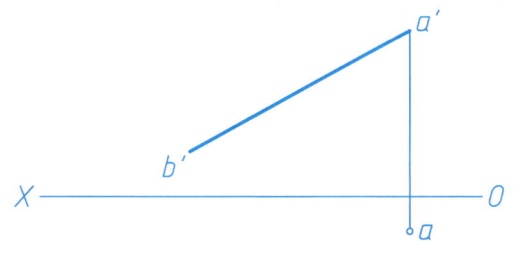

第五章 直线与平面的相对位置、两平面的相对位置

5-1 过点A作直线平行于已知平面。

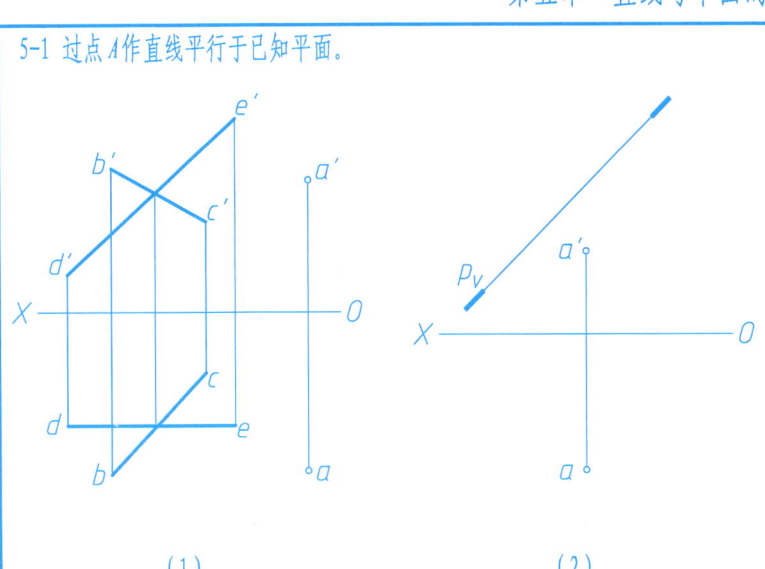

(1)　　　　　　　　(2)

5-3 过点A作平面平行于已知平面。要求：题(1)用三角形表示；题(2)用相交两直线表示。

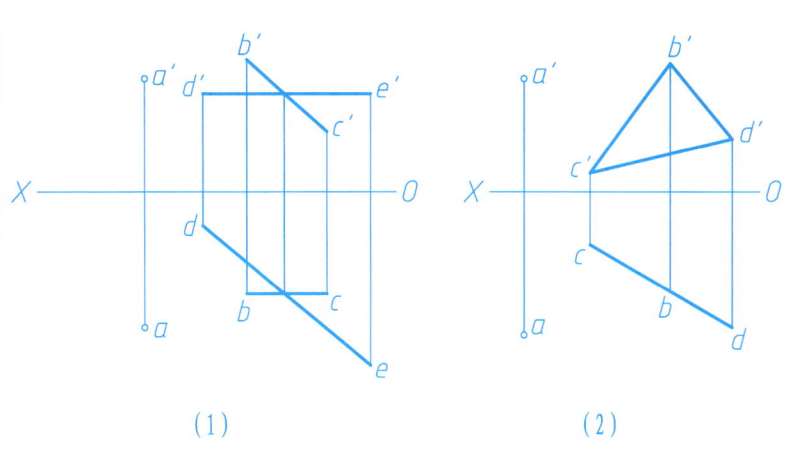

(1)　　　　　　　　(2)

5-2 过线段BC作平面平行于线段DE，再过点A作铅垂面平行于线段DE。

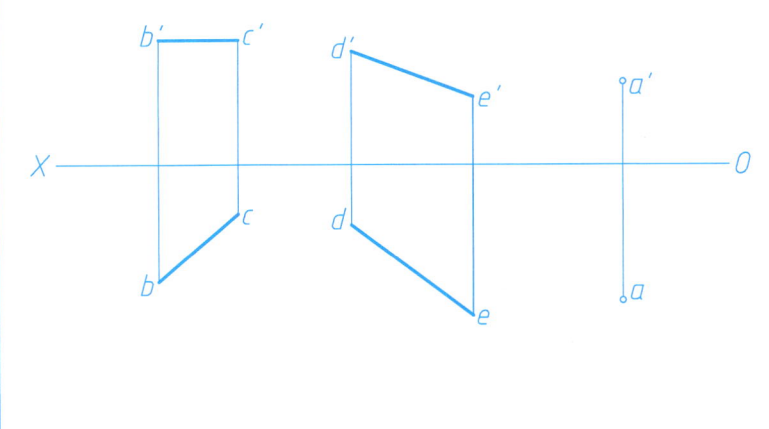

5-4 已知平行两线段AB和CD给定一平面，线段MN和△EFG均与它平行，画全它们的另一投影。

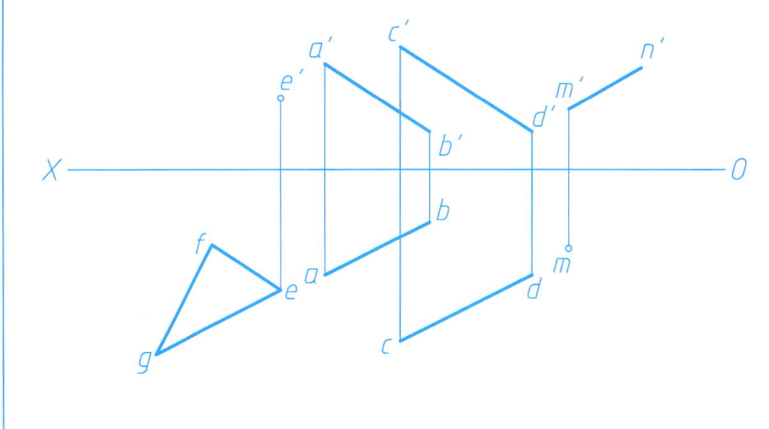

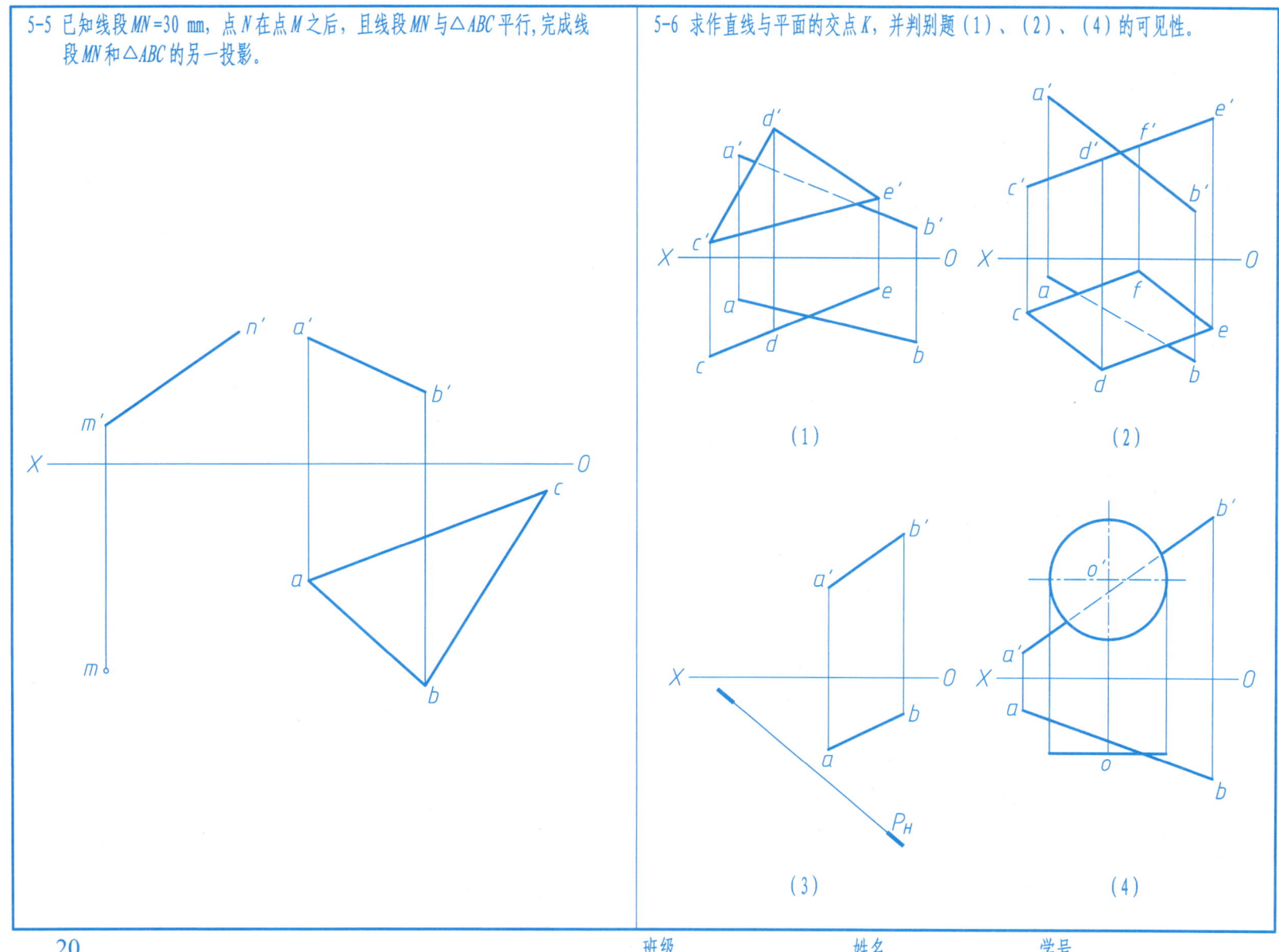

5-7 求作两平面的交线 MN，并判别可见性。

5-8 求作直线与平面的交点 K，并判别可见性。

(1) (2) (3) (4)

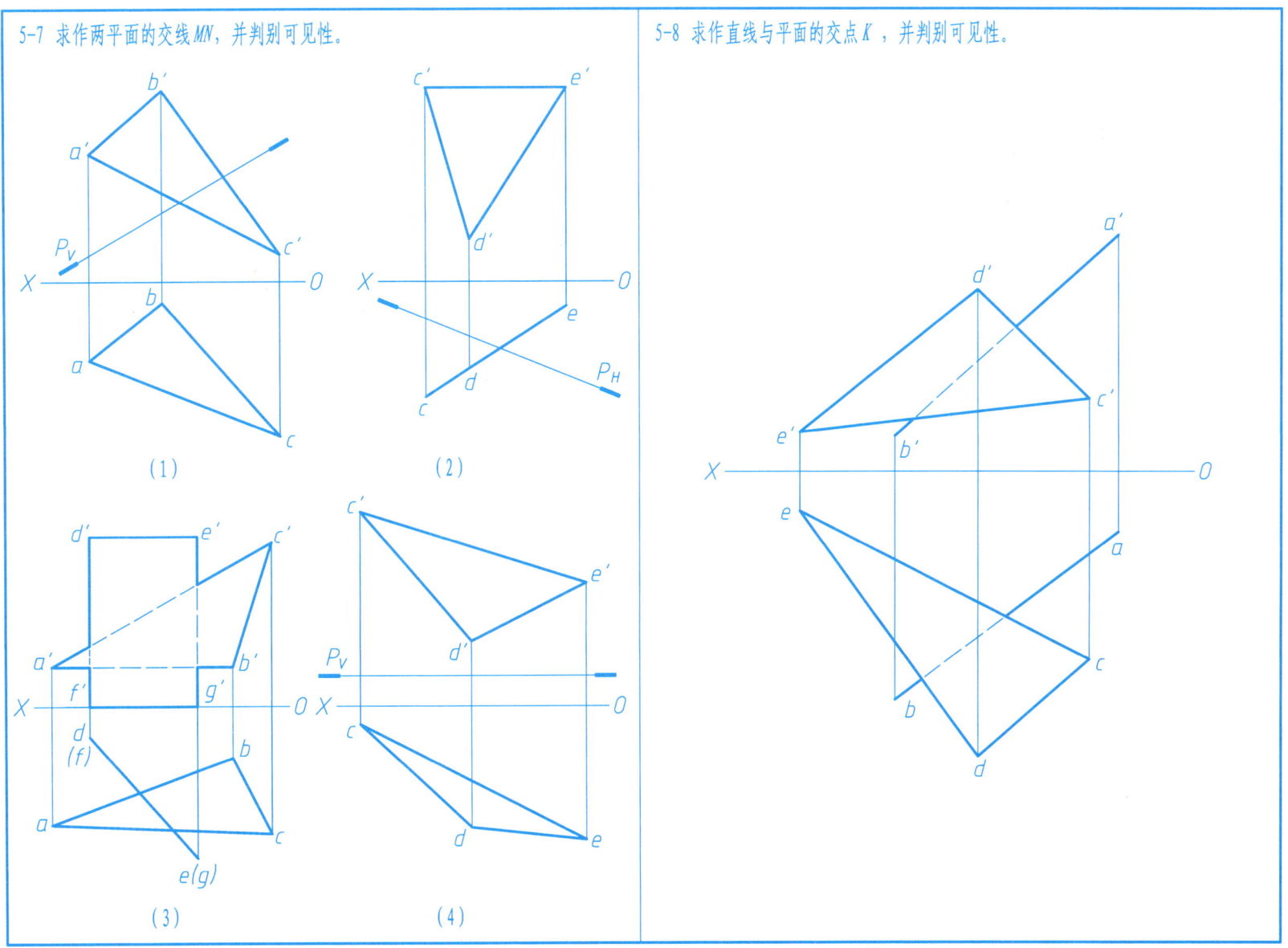

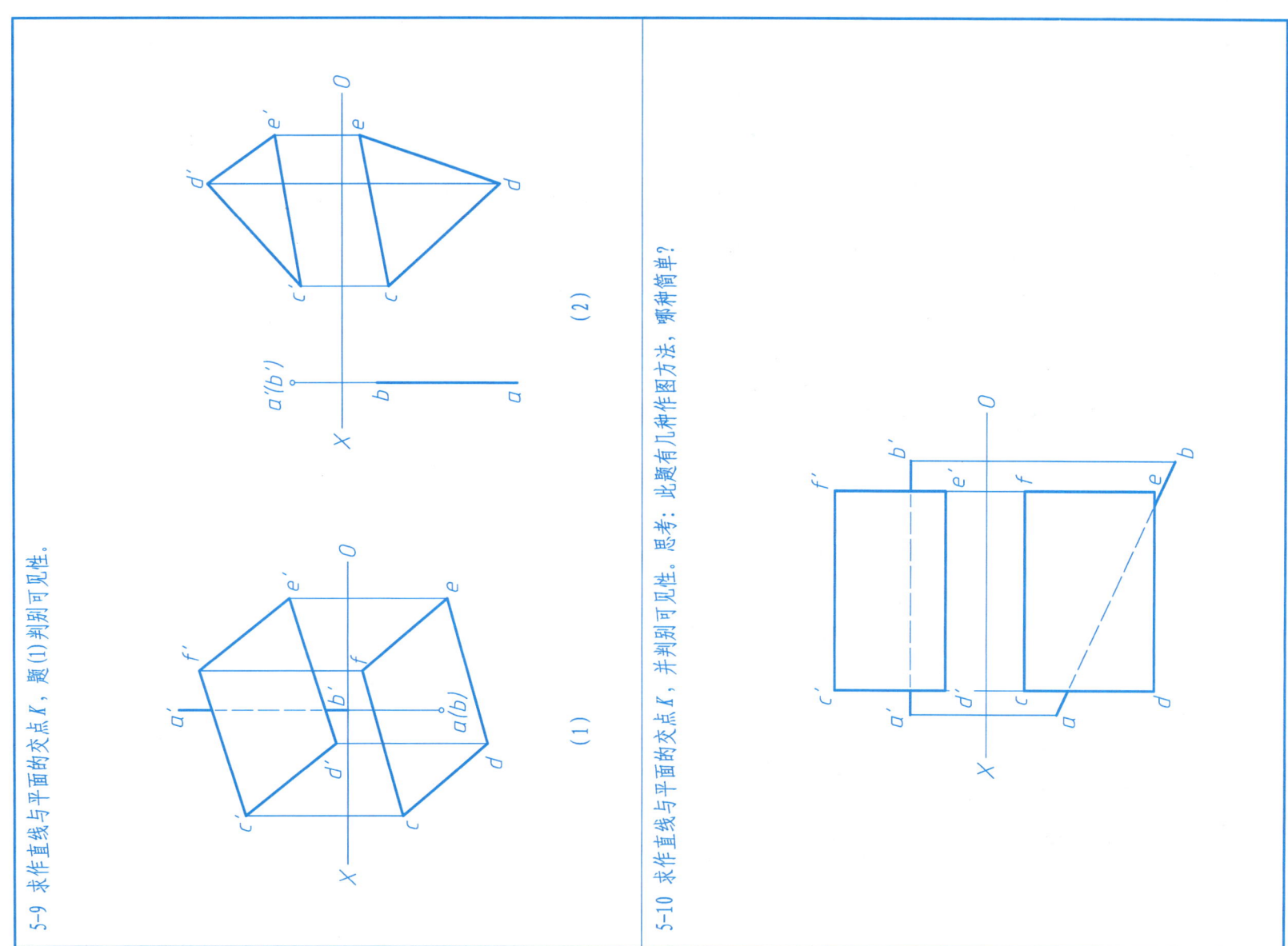

5-11 求作两平面的交线。

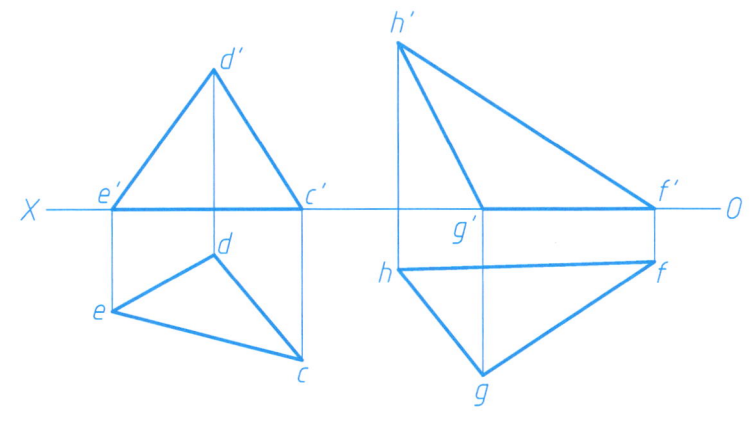

5-12 求作三个平面的共有点 K。

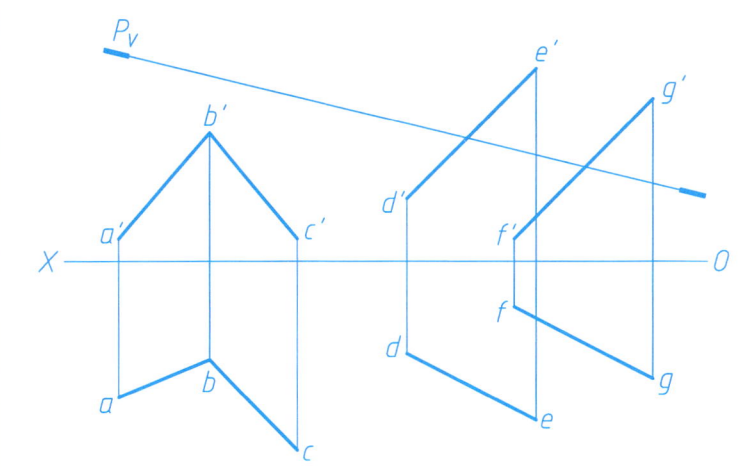

5-13 已知两平面的交线为 MN，利用重影点的方法判别可见性。

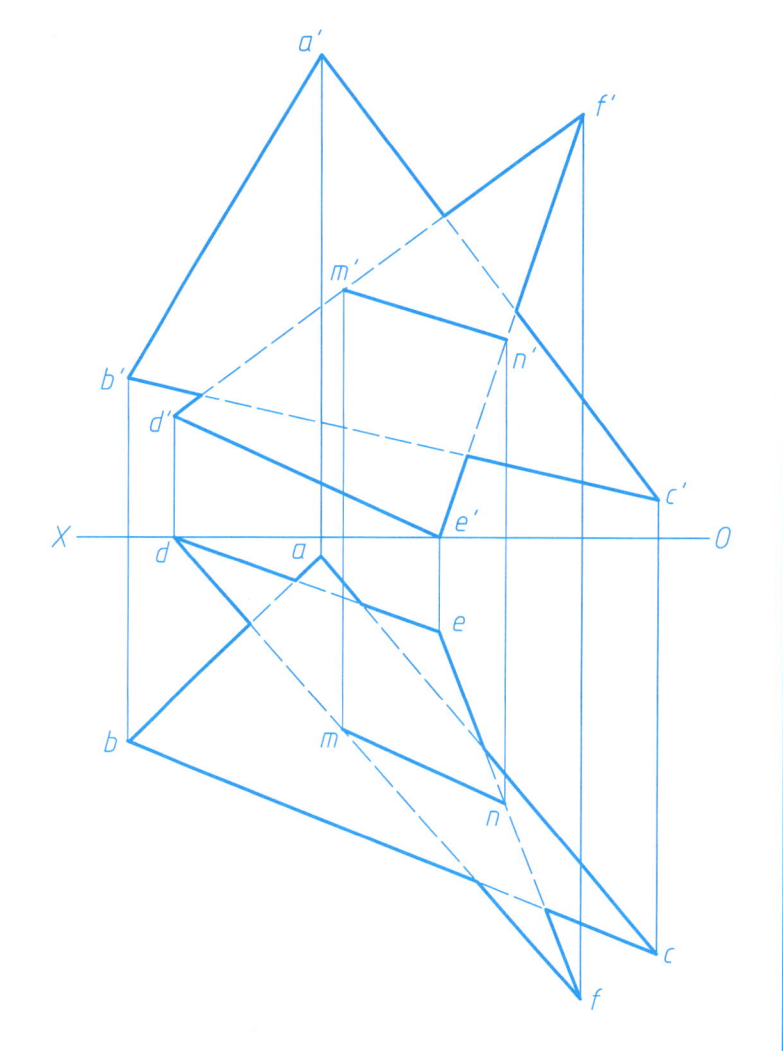

*5-14 求作两平面的交线，并判别可见性。

(1) (2)

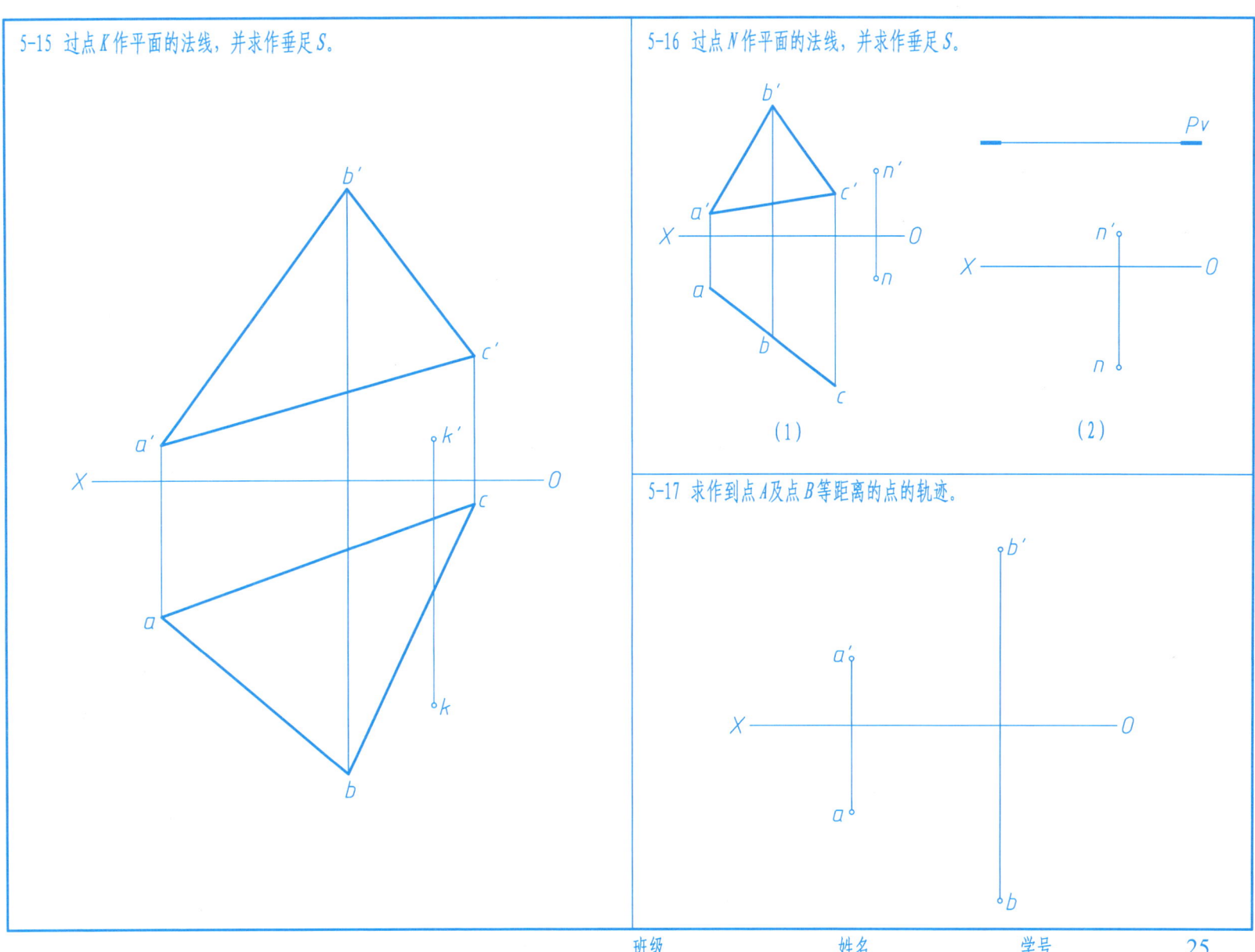

5-18 过点 A 作平面四边形 KLMN 的法线。

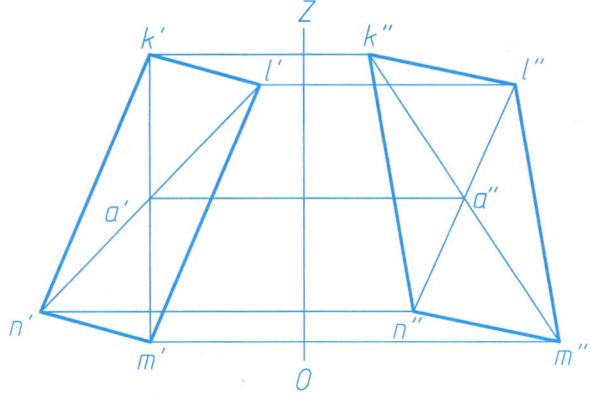

5-20 作图判别两平面是否垂直。

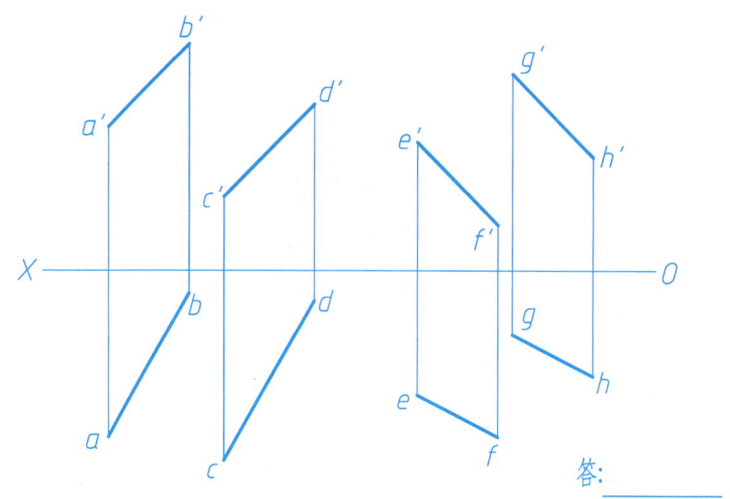

答：_____

5-19 过点 A 作一平面 P（用迹线表示）垂直于线段 AB。

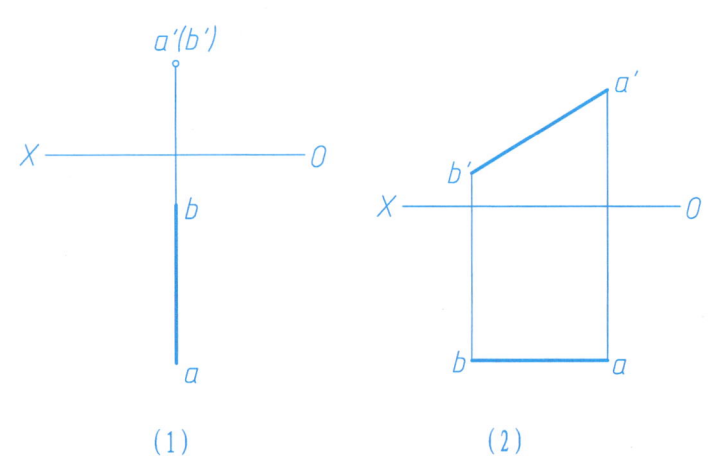

(1)　　　　　　(2)

5-21 过线段 AB 作一平面垂直于平面 △DEF。

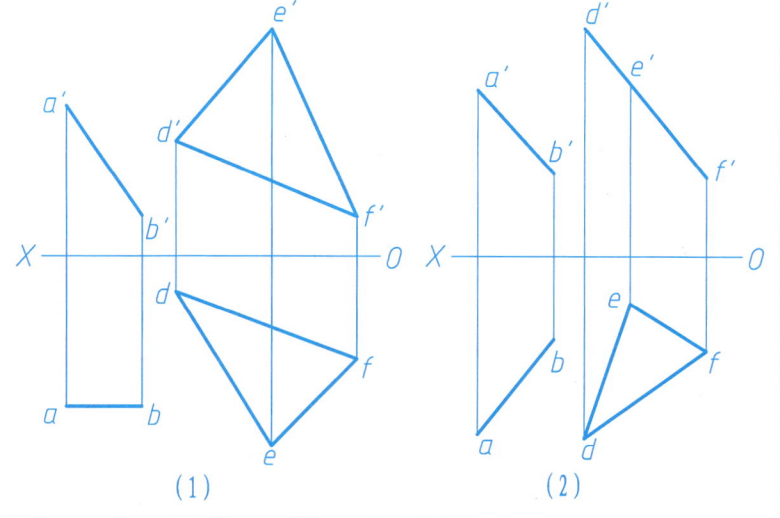

(1)　　　　　　(2)

26　　　　　班级　　　姓名　　　学号

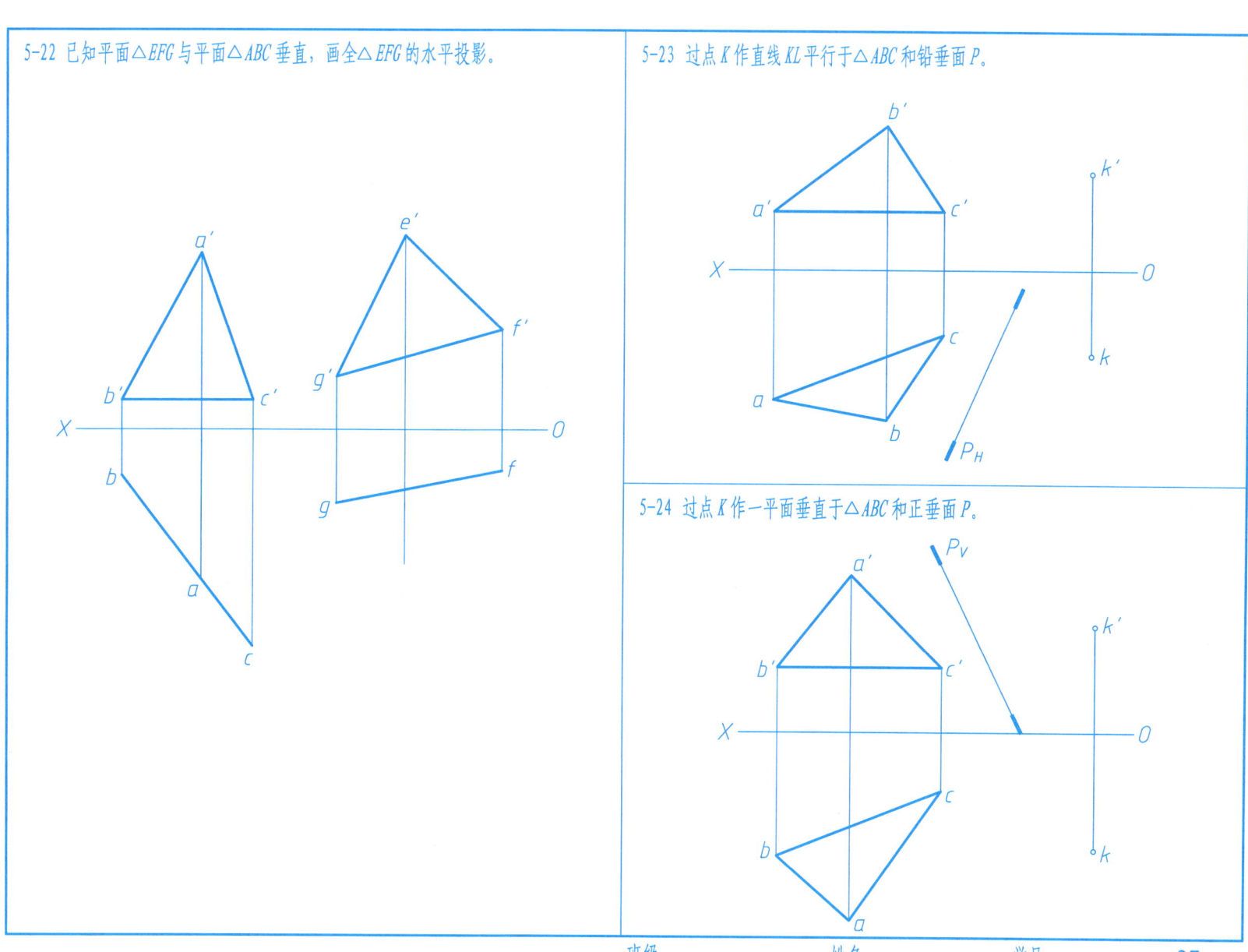

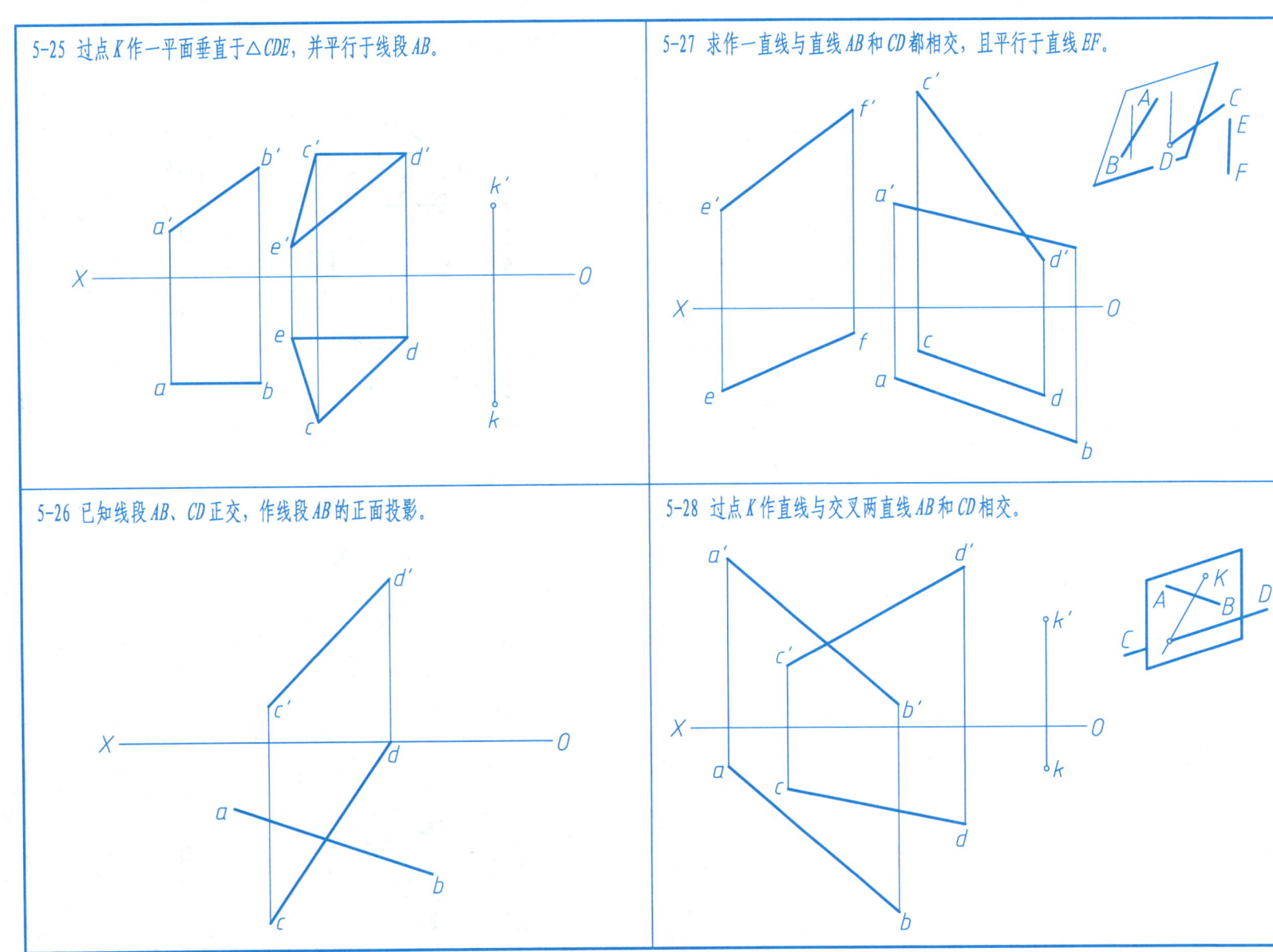

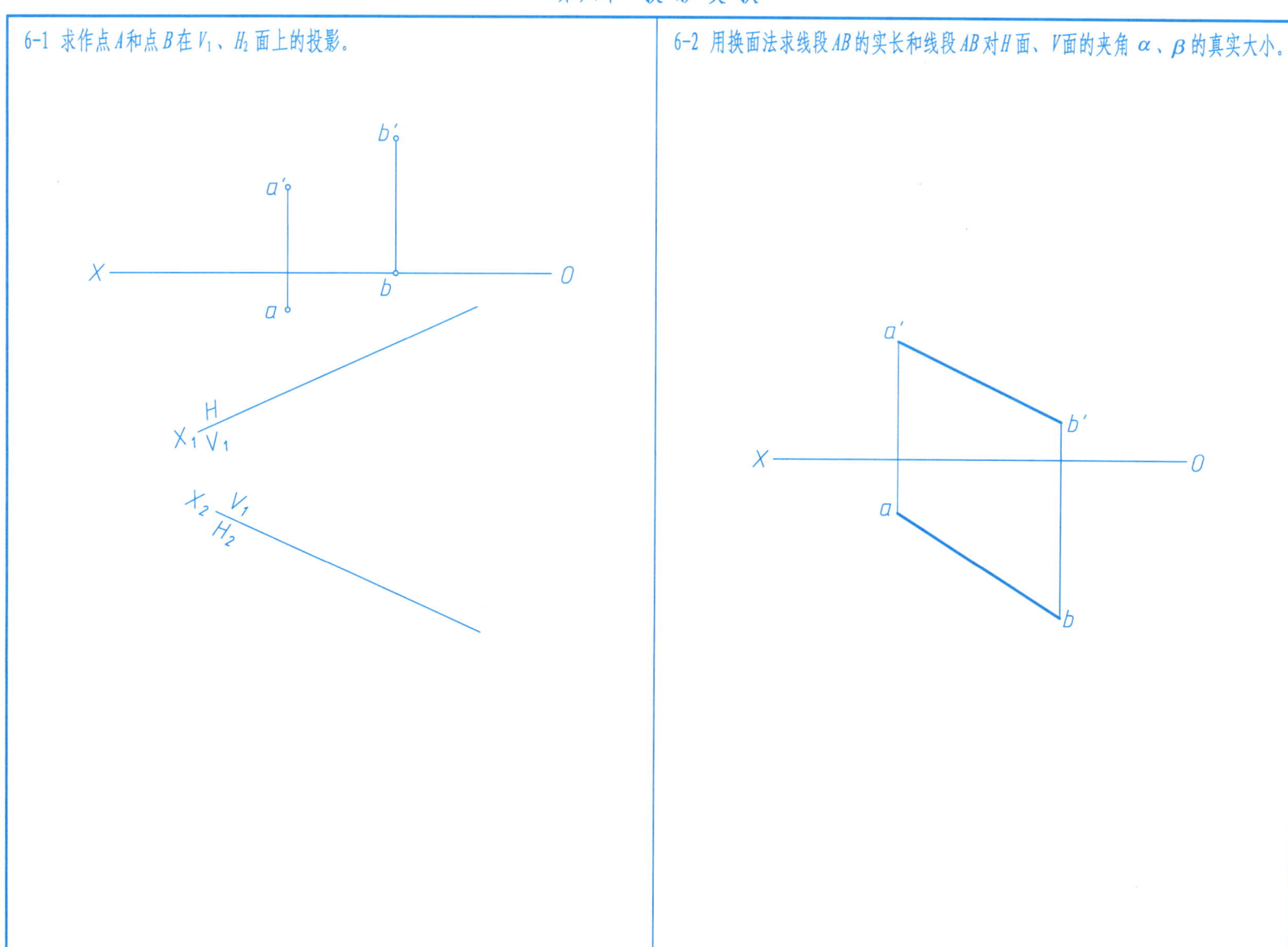

6-3 已知线段AB的实长，用换面法求其水平投影，本题有几个解答？画出所有解。

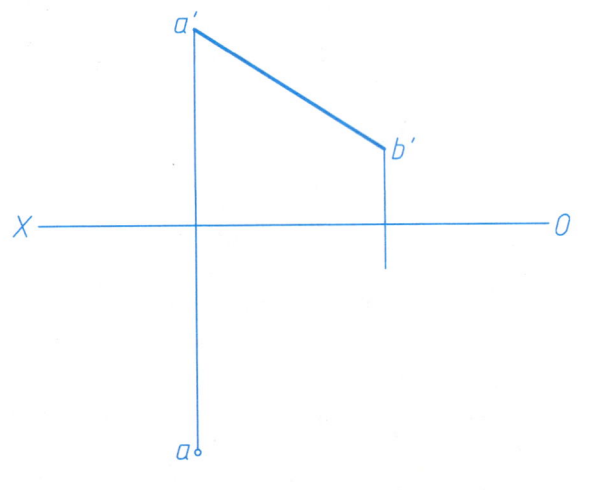

6-4 求△ABC的∠BAC的真实大小。

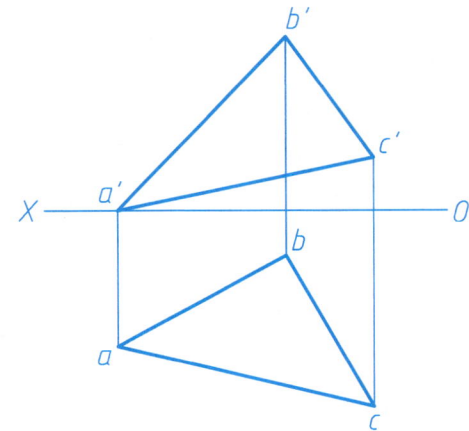

6-5 已知∠BAC为60°，求作AC的正面投影。

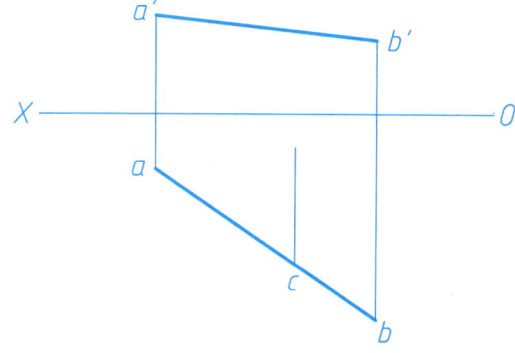

6-6 已知点K到平面△ABC的距离为15 mm，求作点K的水平投影。

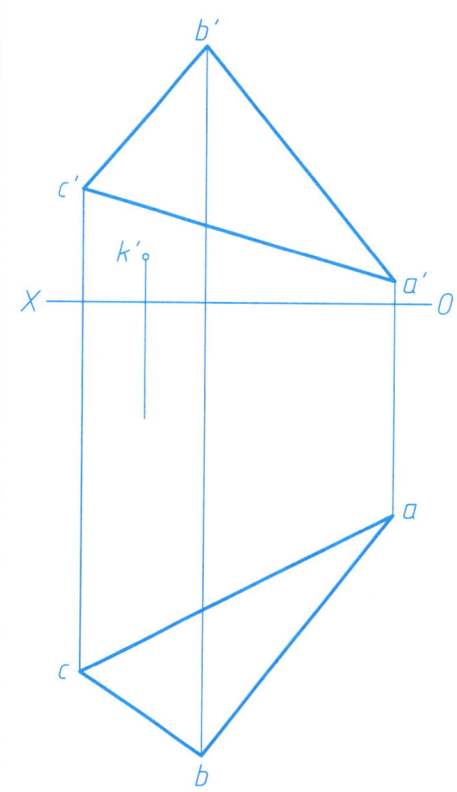

班级　　　　姓名　　　　学号

6-7 已知直线 AB 垂直于平面 △EFG，且点 A 距平面为 30 mm，求作 △EFG 的正面投影。

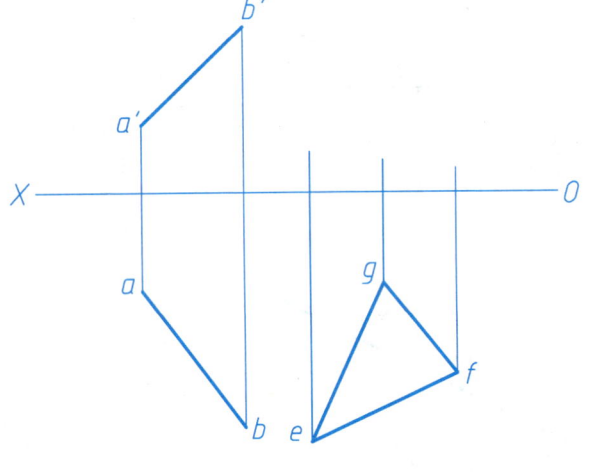

6-8 已知矩形 ABCD 一边的两面投影和其邻边的一个投影，画出该矩形的两面投影图。

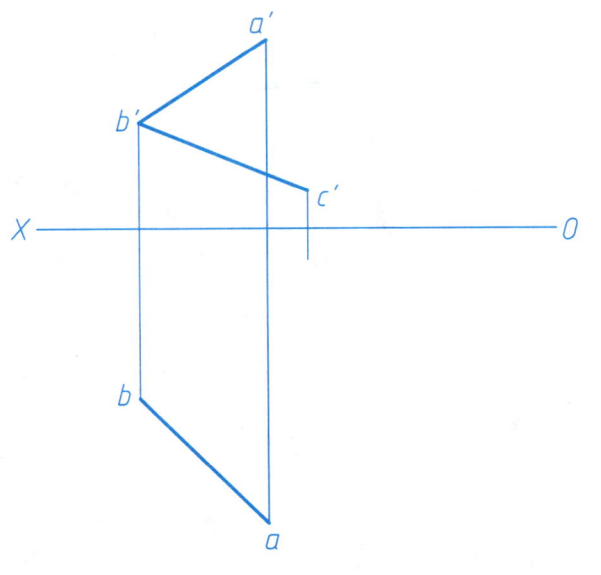

6-9 用换面法补全以 AB 为底边的等腰△ABC 的水平投影。

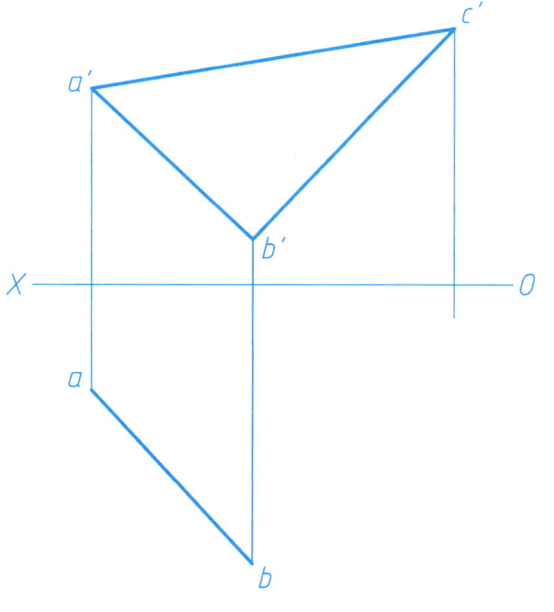

6-10 在直线 MN 上求点 K，使点 K 距△ABC 为 10 mm。

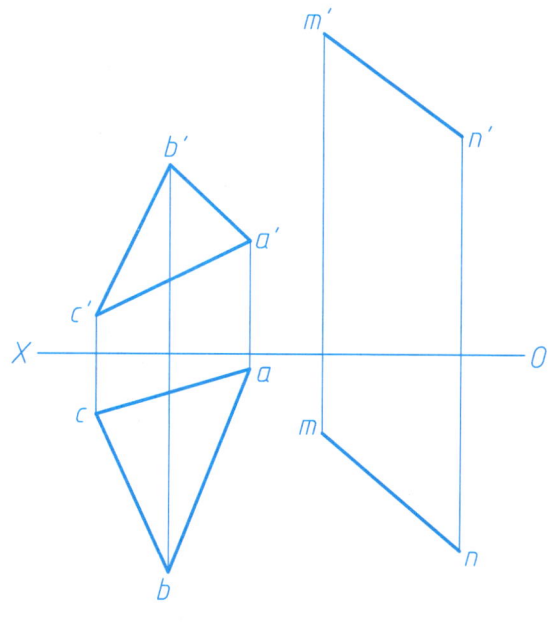

6-11 已知菱形ABCD的对角线BD的两个投影，顶点A属于直线EF，求作此菱形的两面投影图。

6-12 已知腰AB的两面投影，底边属于直线BM，求作等腰△ABC的投影图。

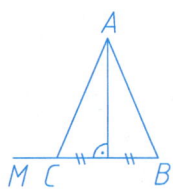

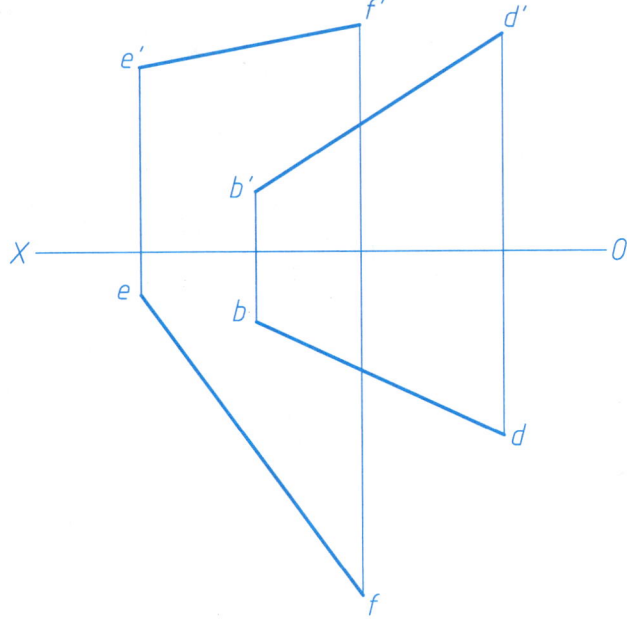

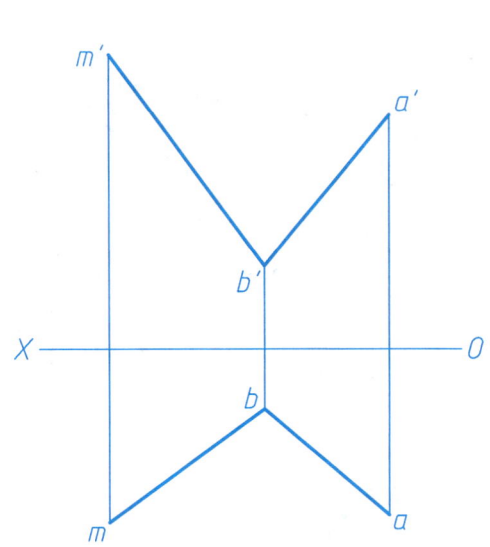

34　　　　　　　　　　　　　　　　　　　　班级　　　　姓名　　　　学号

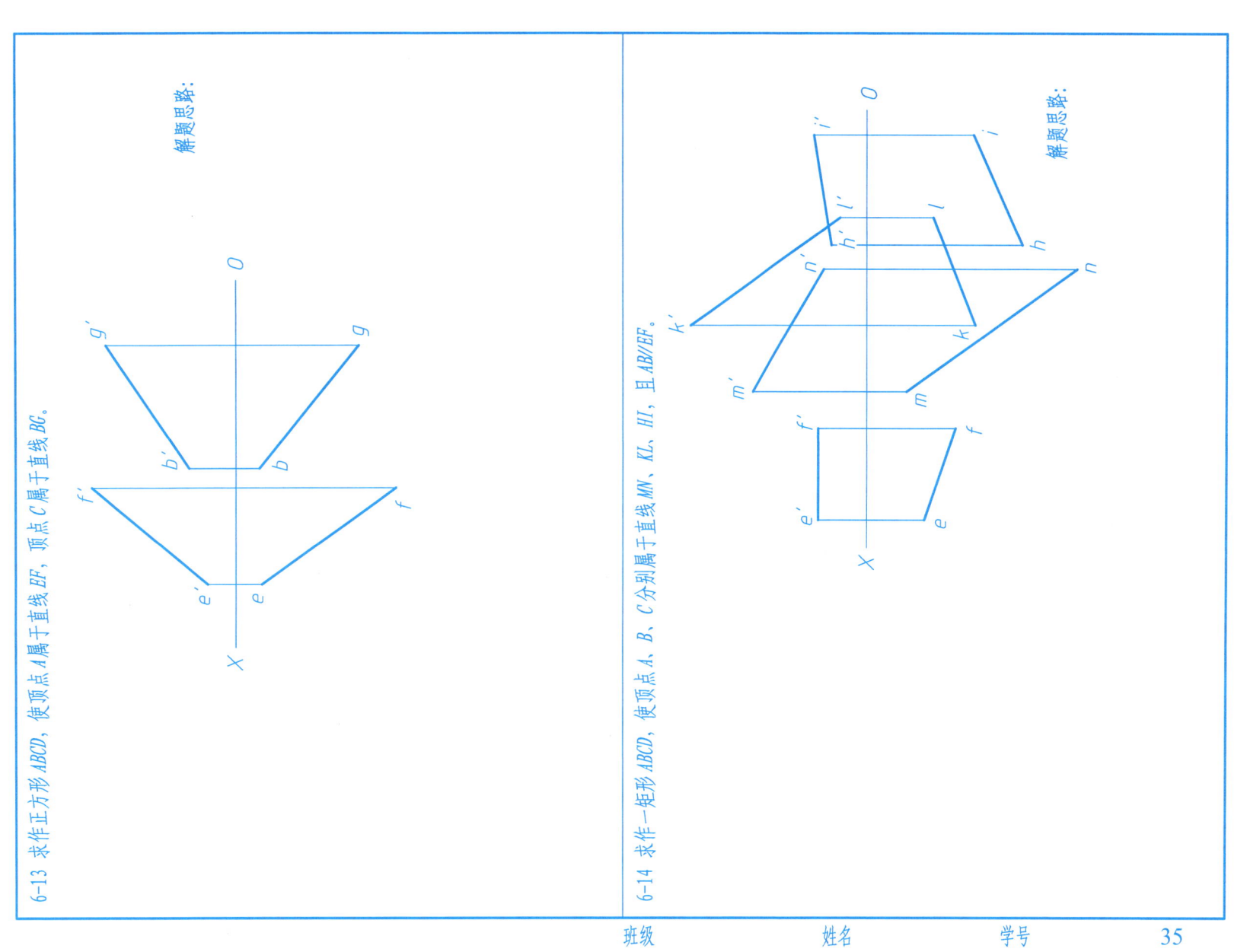

6-13 求作正方形 ABCD，使顶点 A 属于直线 EF，顶点 C 属于直线 BG。

解题思路：

6-14 求作一矩形 ABCD，使顶点 A、B、C 分别属于直线 MN、KL、HI，且 AB//EF。

解题思路：

6-15 过点 A 作一直角△ABC，使斜边 AC 在直线 MN 上，一直角边 BC 在平面 DEFG 上，求作△ABC 的两面投影。本题是否只有唯一解？

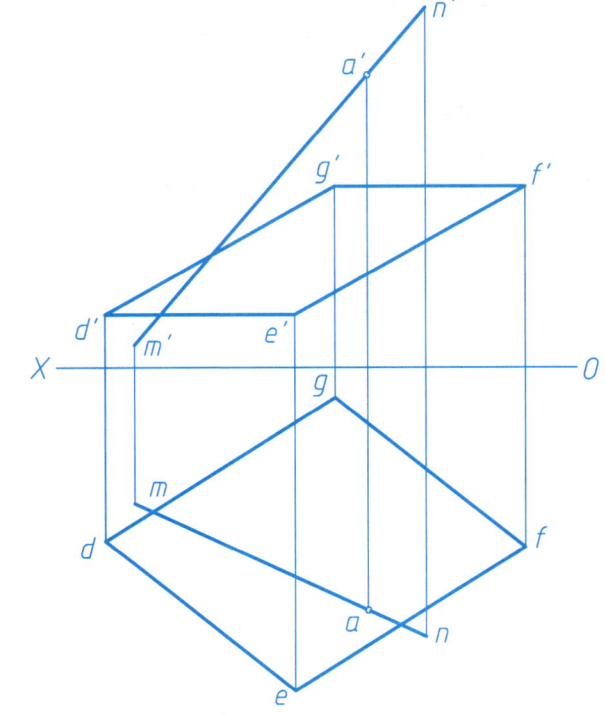

答：_____

6-16 求作平行两直线间的距离实长及其在 V、H 面的投影。

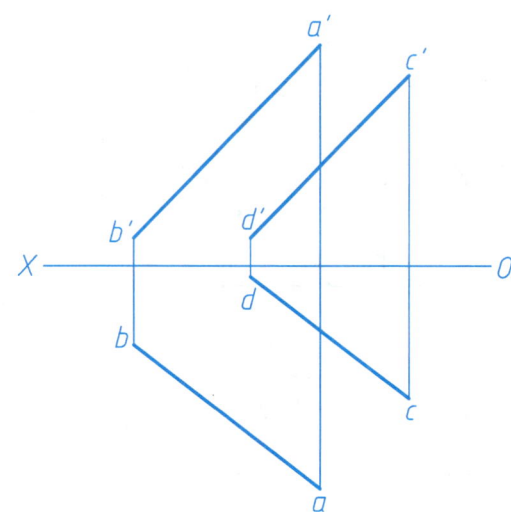

6-17 欲用一段管路 KL 将 EF 和 GH 两段管路连接起来，求作 KL 的最短距离及投影 k′l′、kl。

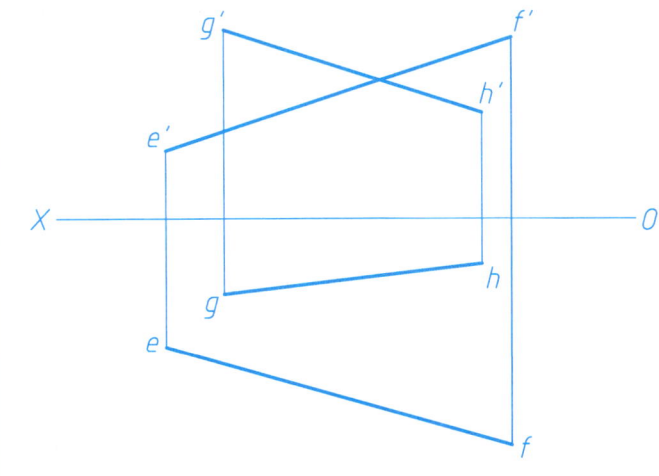

6-18 求作两平行平面间的距离。

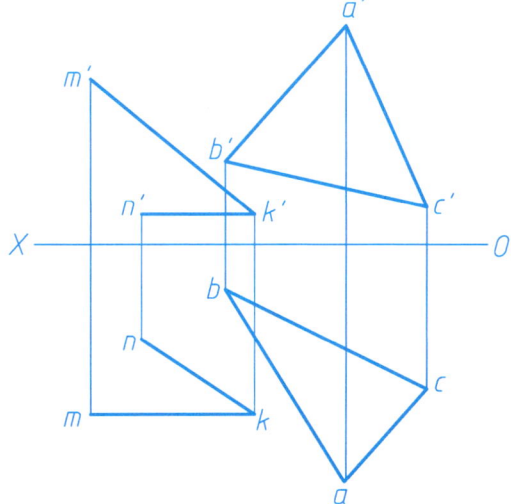

6-19 求作直线与平面的夹角。

*6-20 求作两平面夹角的真实大小。

6-21 已知△ABC的两面投影，以AB为底边作一等腰△ABD，该等腰三角形的高等于底边AB的长，且△ABC与△ABD的夹角为90°。

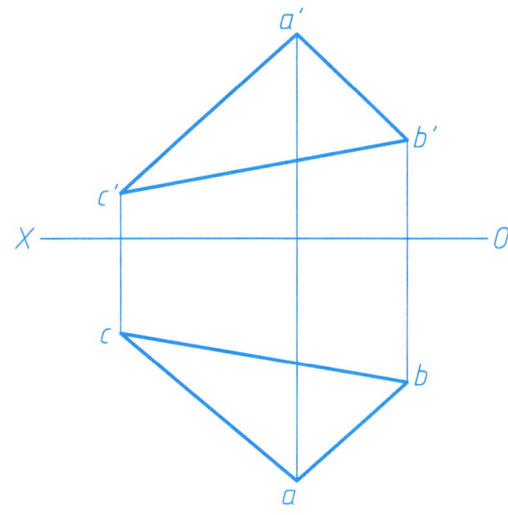

6-22 在直线MN上求作与直线AB、CD等距离的点E。

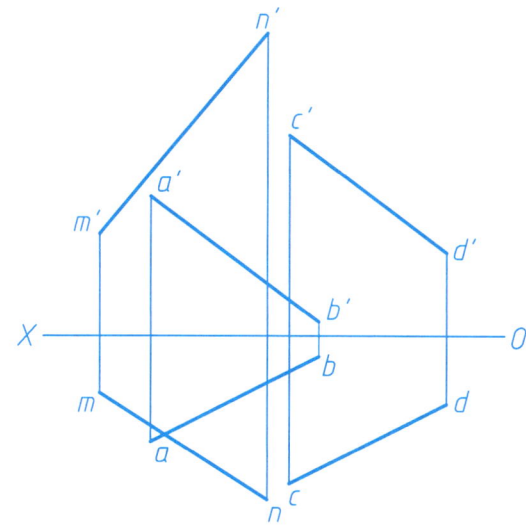

6-23 在△EFG上找一直线CD，使直线CD与直线AB垂直相交。

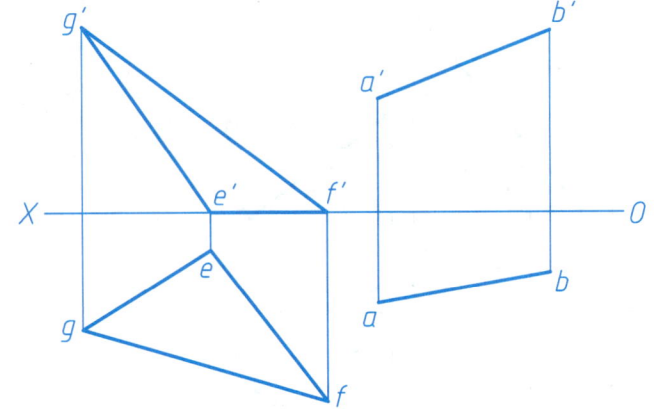

6-24 在两平行直线所表示的平面上，求作距A、B、C三点等距离的点K。

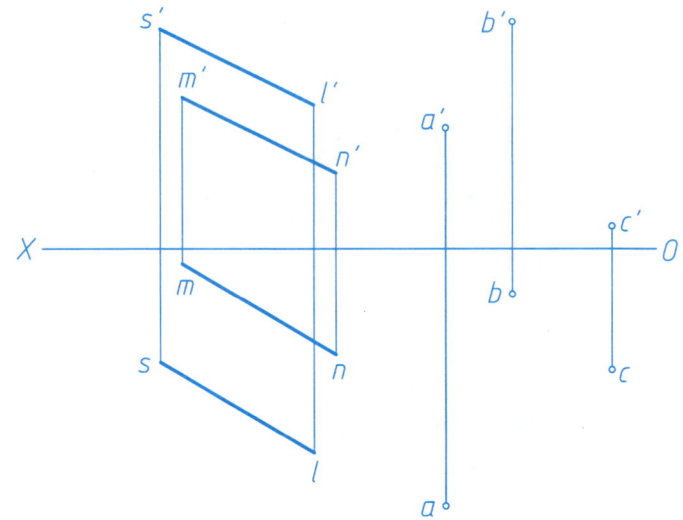

6-25 在由一对平行线段AB、CD确定的平面上，找出与点M和N等距的点的轨迹。

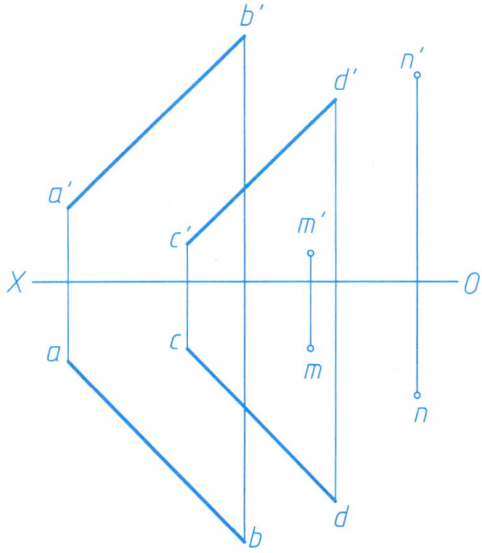

6-26 过点K作线段KL，使它垂直于线段MN，并平行于平面ABCD（AB∥CD）。

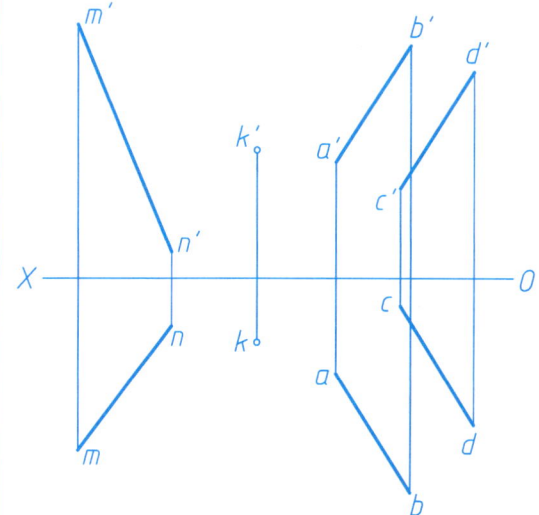

*6-27 用绕投影面垂直轴旋转法求作线段的实长及与投影面的夹角。
(1) 求线段 AB 的 α； (2) 求线段 CD 的 β。

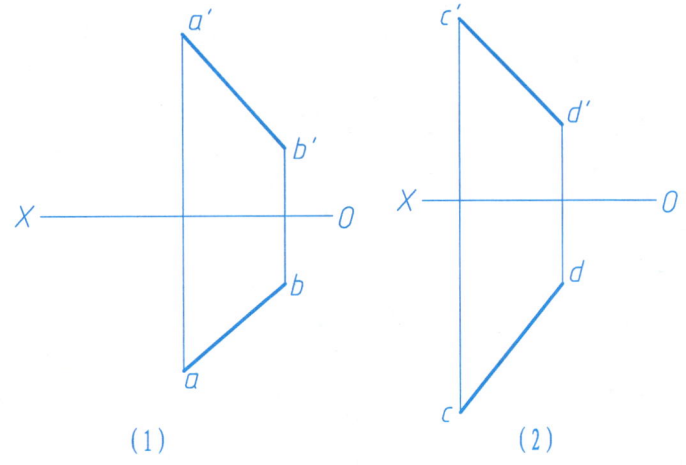

(1)　　　　　　　(2)

*6-29 用绕投影面垂直轴旋转法求作△ABC 的实形。

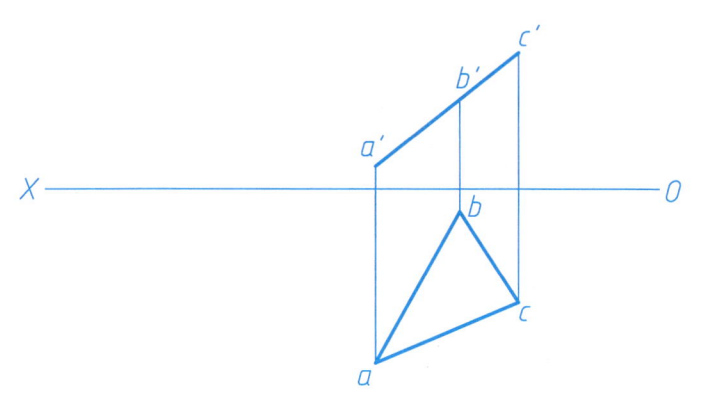

*6-28 已知线段 EF 与 H 面的夹角为 30°，用绕投影面垂直轴旋转法求作其正面投影。

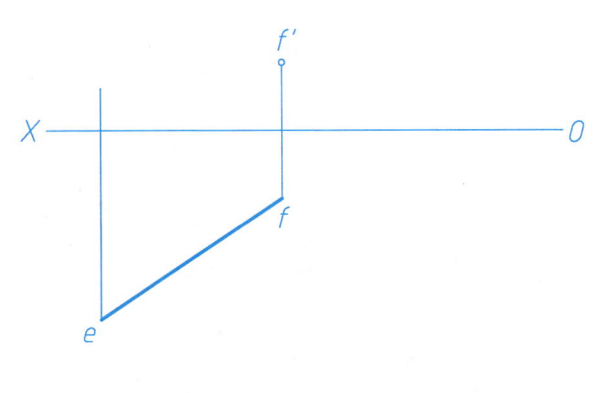

*6-30 用绕投影面垂直轴旋转法将点 M 绕 NN 轴旋转到△ABC 平面内，作出点 M 旋转后的正面投影和水平投影。

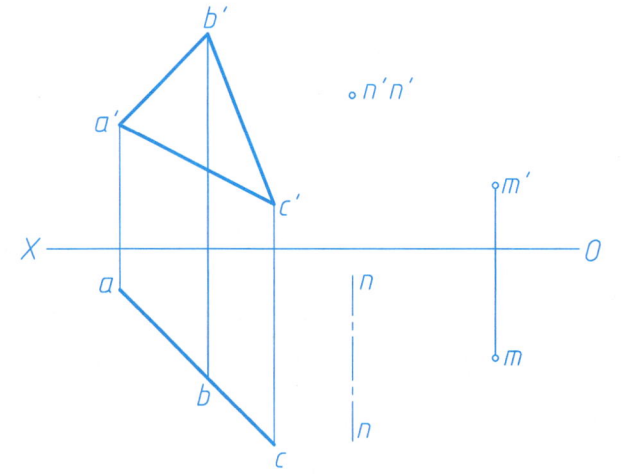

42　　　　　　　班级　　　姓名　　　学号

*6-31 用不指明轴旋转法求作两相交平面△RST和△RSP之间的夹角。

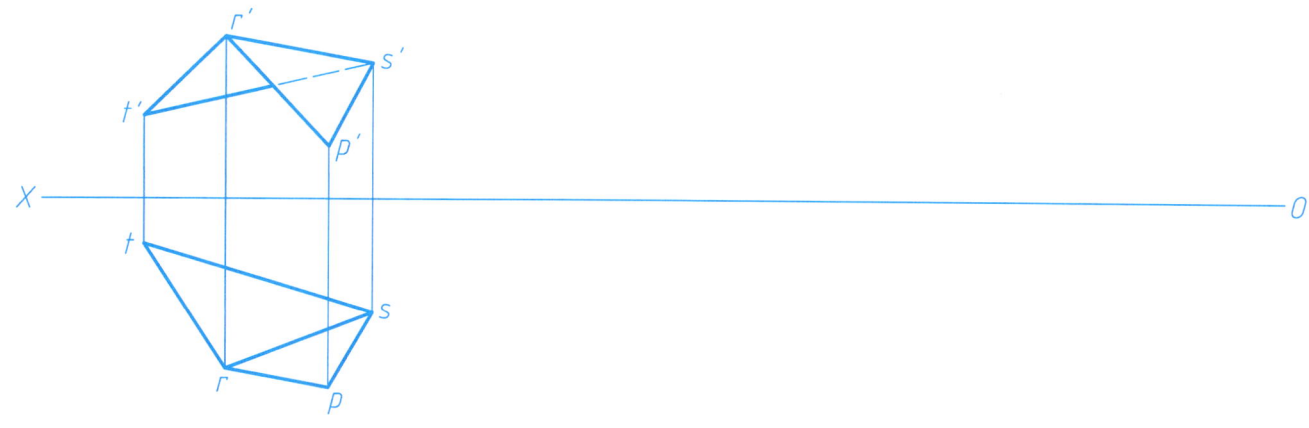

*6-32 用绕过点K的铅垂轴旋转，求作点K到△ABC之间的距离。

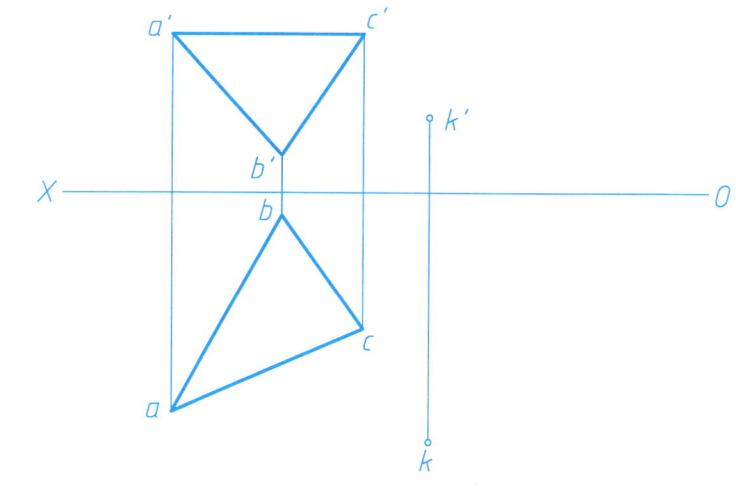

*6-33 用绕投影面平行轴旋转法求作四边形KLMN的实形。

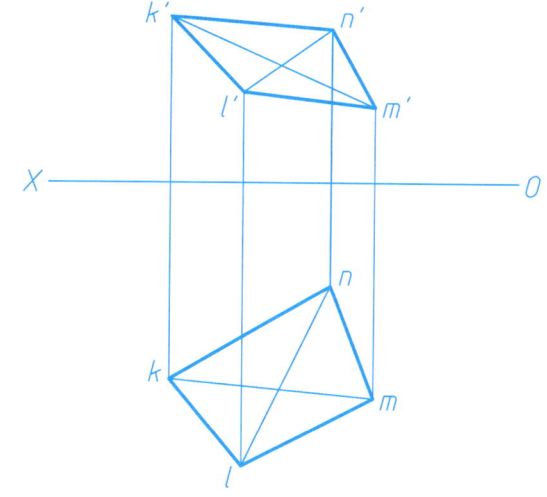

第七章 基本立体

7-1 补全正五棱柱的水平投影，并画出属于棱柱表面的点 A、B 及线段 CD 的其他两面投影。

7-2 补画出正六棱台的侧面投影，并补全属于棱台表面的线段 AB、BC、CD 的其他两面投影。

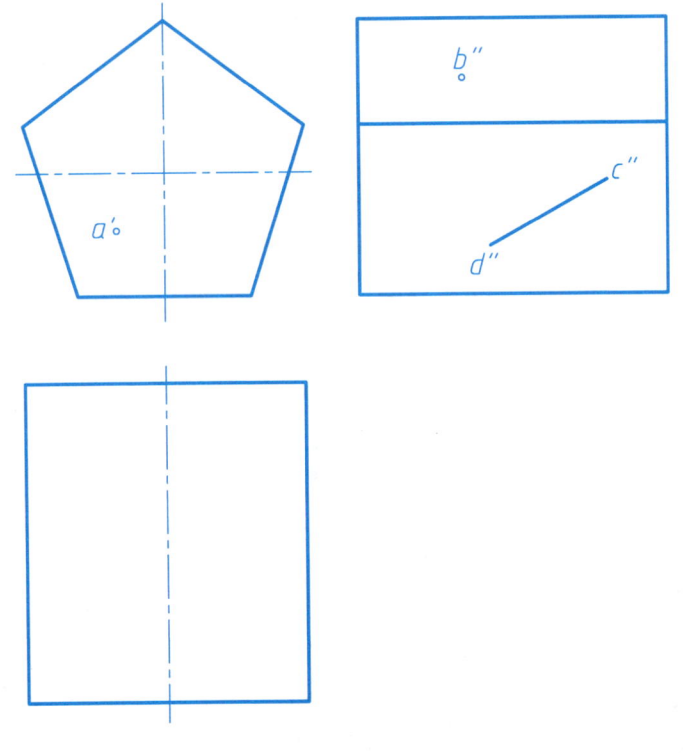
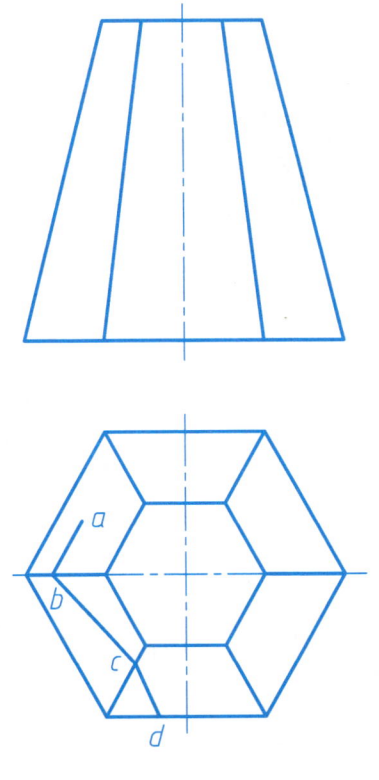

7-3 已知平行六面体的两面投影，用重影点方法判别轮廓线的可见性，并分别用粗实线和细虚线表示。

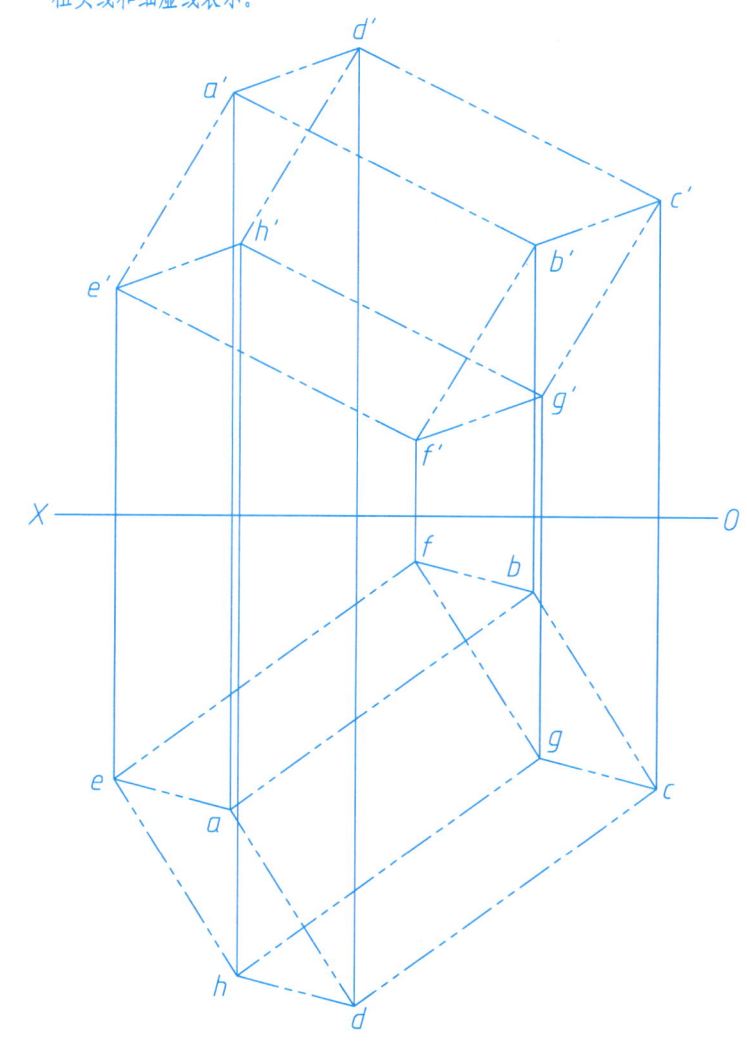

7-4 已知三棱锥的两面投影，用重影点的方法判别轮廓线的可见性，并分别用粗实线和细虚线表示。

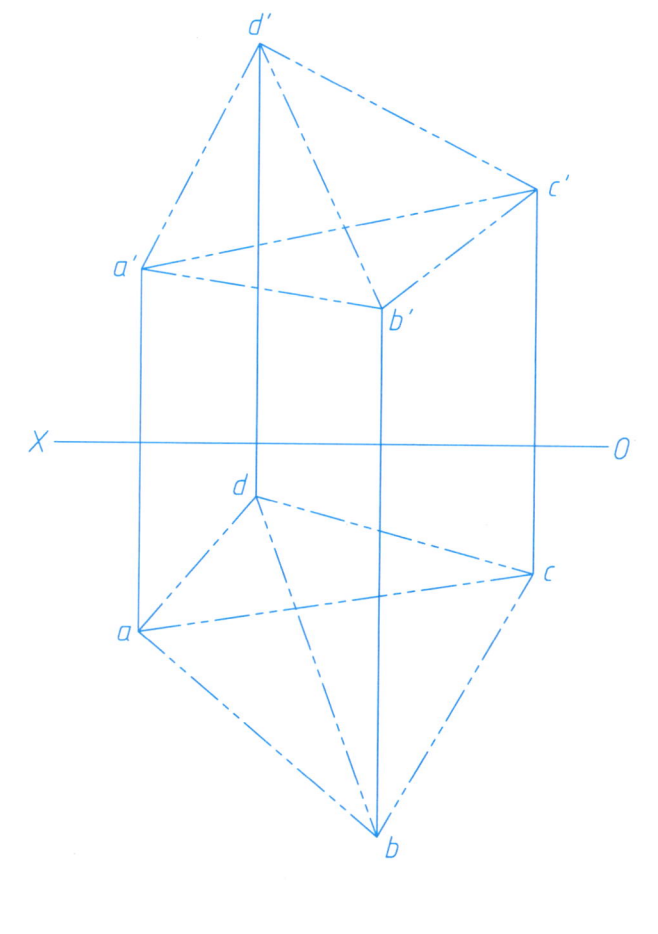

7-5 求作属于圆柱表面的点 A、B、C、D 的另外两面投影。

7-6 画出圆柱的侧面投影。求作圆柱表面上线段 AB、CD 的另外两面投影，并判别线段 AB、CD 是直线段还是圆曲线？

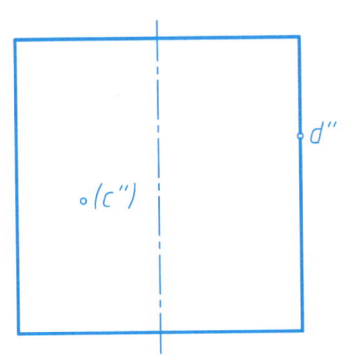

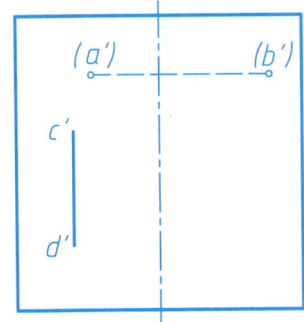

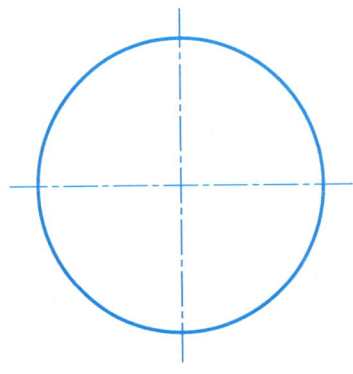

AB 为 _____
CD 为 _____

7-7 标出正面转向线 EE_1、FF_1 和水平面转向线 GG_1、MM_1 的另外两面投影的位置，求作属于圆柱表面的曲线 AB 的另外两面投影。

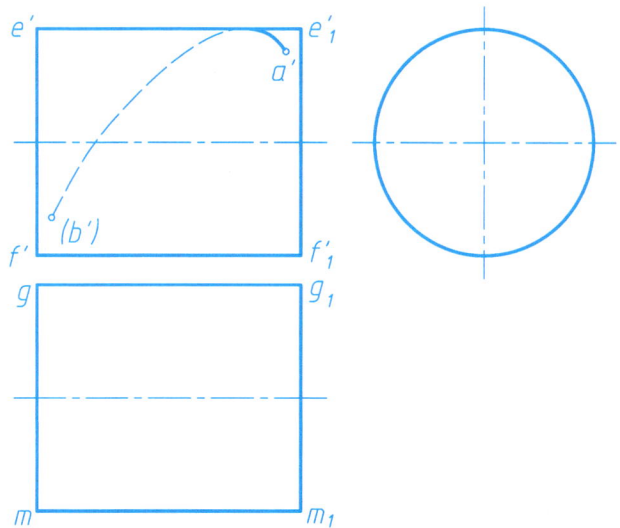

7-8 画出半圆柱的水平投影，并求作属于圆柱面上的曲线 AB 的另外两面投影。

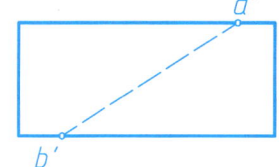 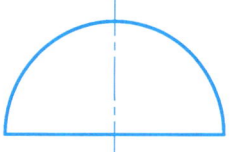

*7-9 已知圆柱的底圆处于铅垂面 P 上，并知圆柱的水平投影，画出其正面投影。

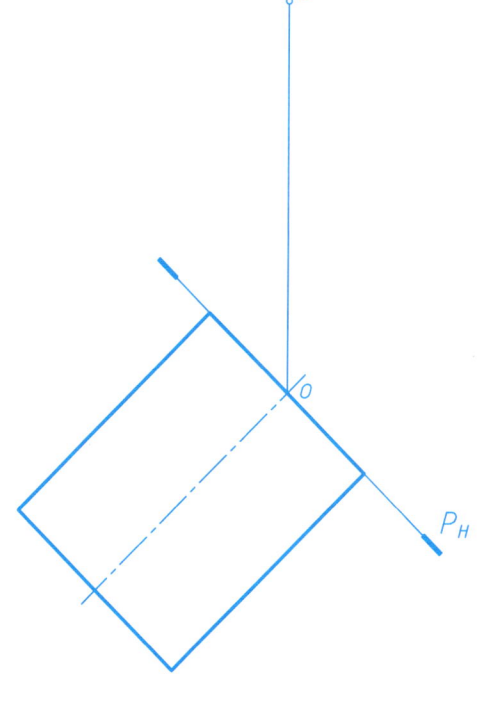

*7-10 圆柱的直径为⌀24 mm,顶圆圆心为O,底圆属于△ABC,求作该圆柱的正面投影及水平投影（提示：由O向△ABC作垂线，即为圆柱的轴线。求垂线的垂足，即为底圆圆心）。

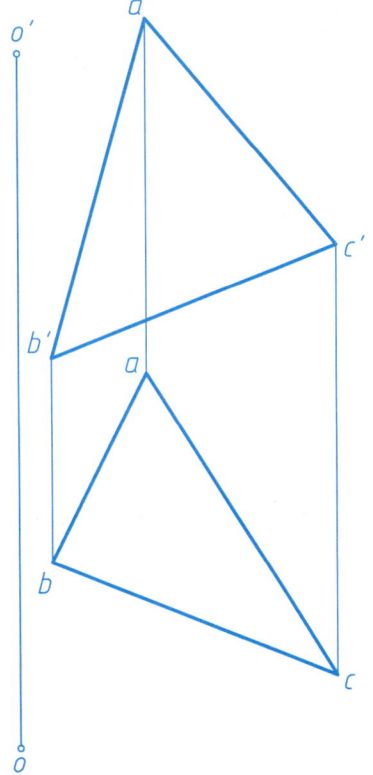

7-11 求作属于圆锥表面的点A、B、C、D的另外两面投影。

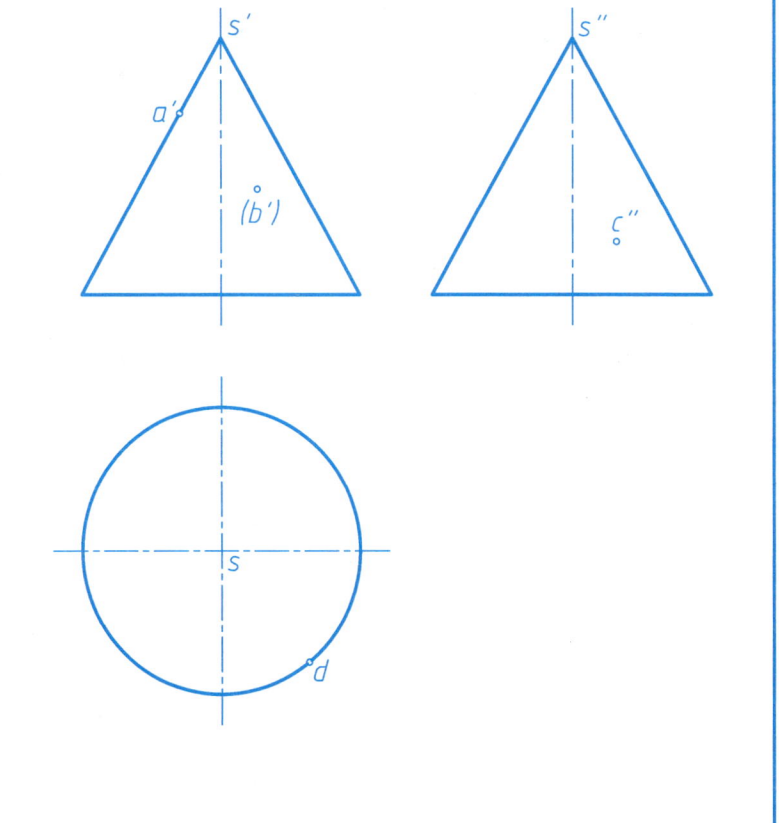

7-12 画出圆锥的侧面投影。判别属于圆锥表面的线段 SB、BC 是直线段还是曲线段？并求作线段 SB、BC 的另外两面投影。

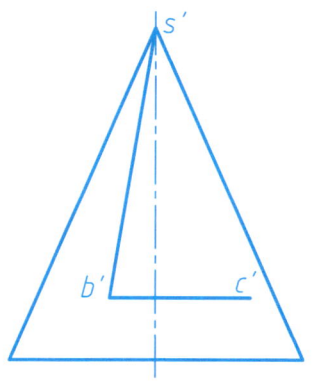

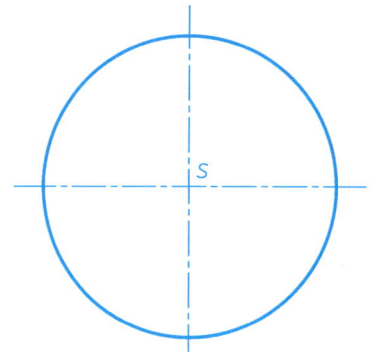

SB 是 _____

BC 是 _____

7-13 求作属于圆锥面上的曲线 AB 的另外两面投影。

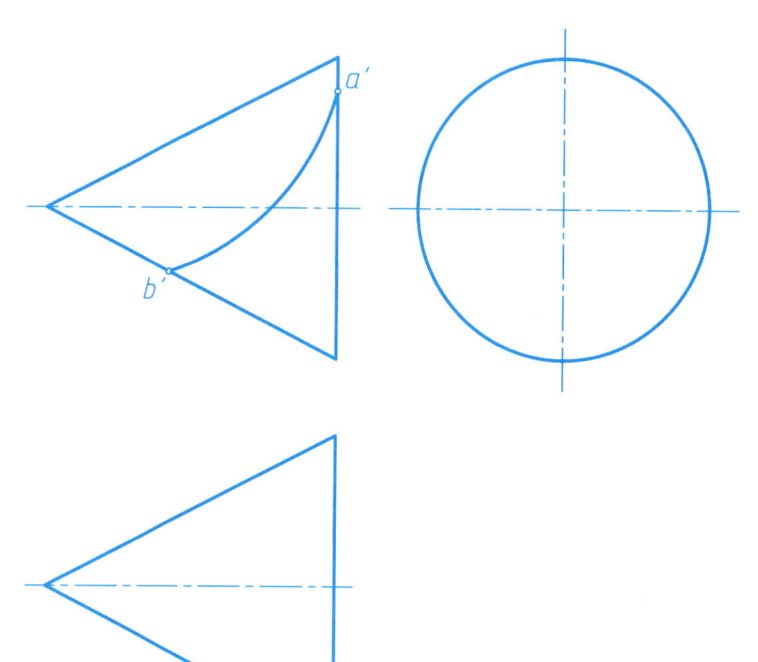

*7-14 已知圆锥底圆处于正垂面 Q 上，点 O 为底圆中心，点 S 为锥顶，并知其底圆直径为高的 3/4，画出圆锥的正面投影和水平投影。

*7-15 圆锥的底圆直径为 ⌀30 mm，该底圆在平面 △ABC 上，锥顶为点 S，求作该圆锥的正面投影及水平投影。

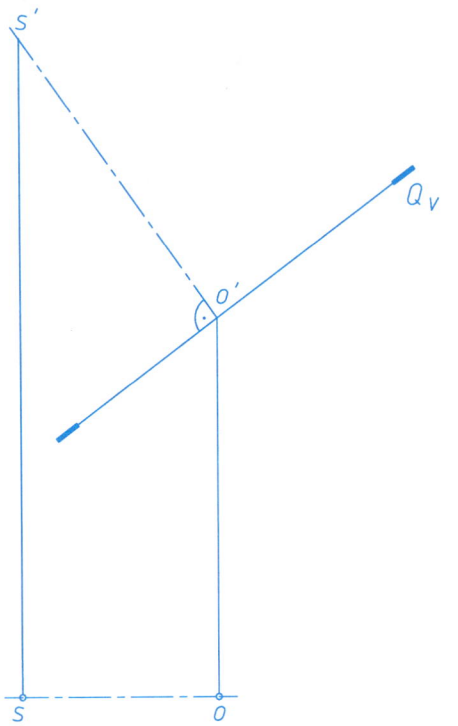
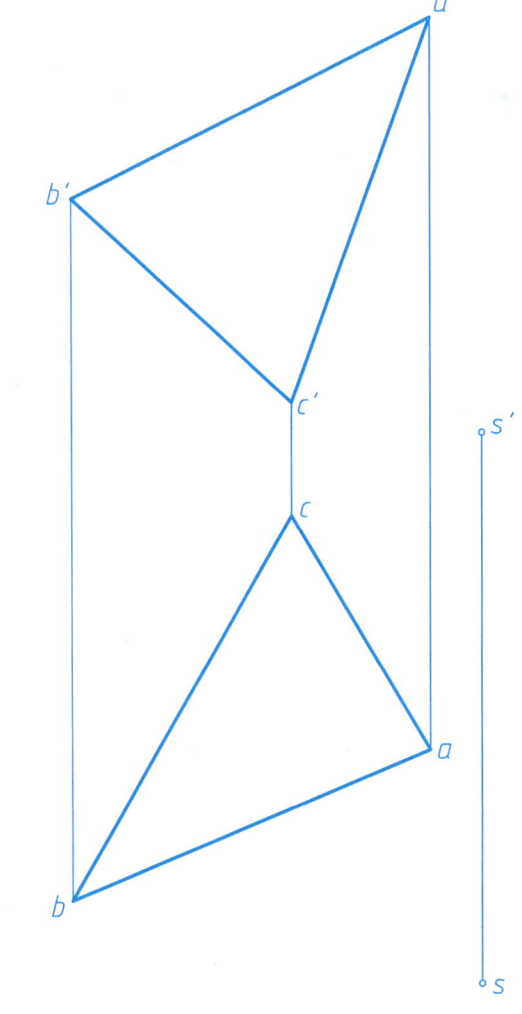

7-16 画出圆球的水平投影和侧面投影，并求作属于圆球表面的点 A、B、C、D 的另外两面投影。

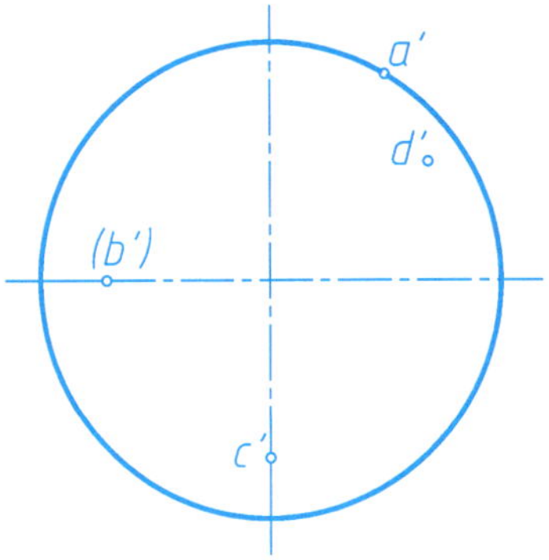

7-17 求作属于圆球表面的曲线段的另外两面投影。

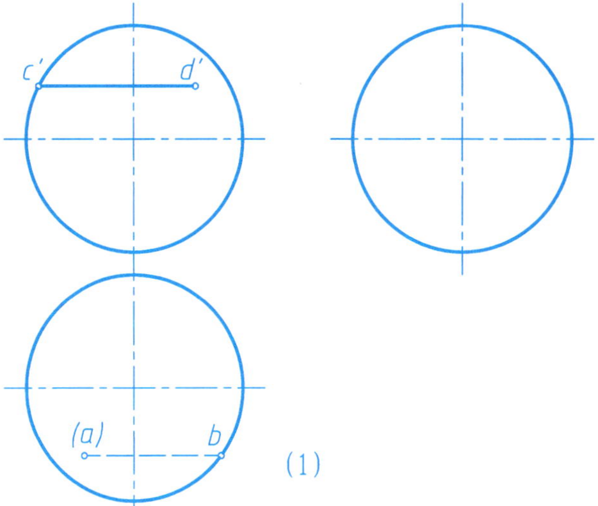

(1)

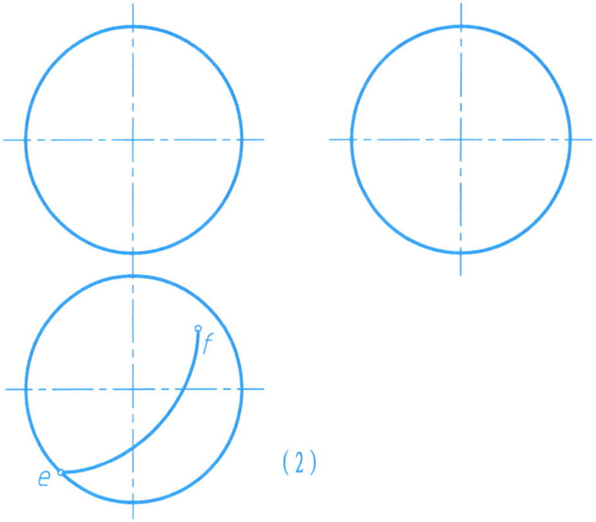

(2)

51

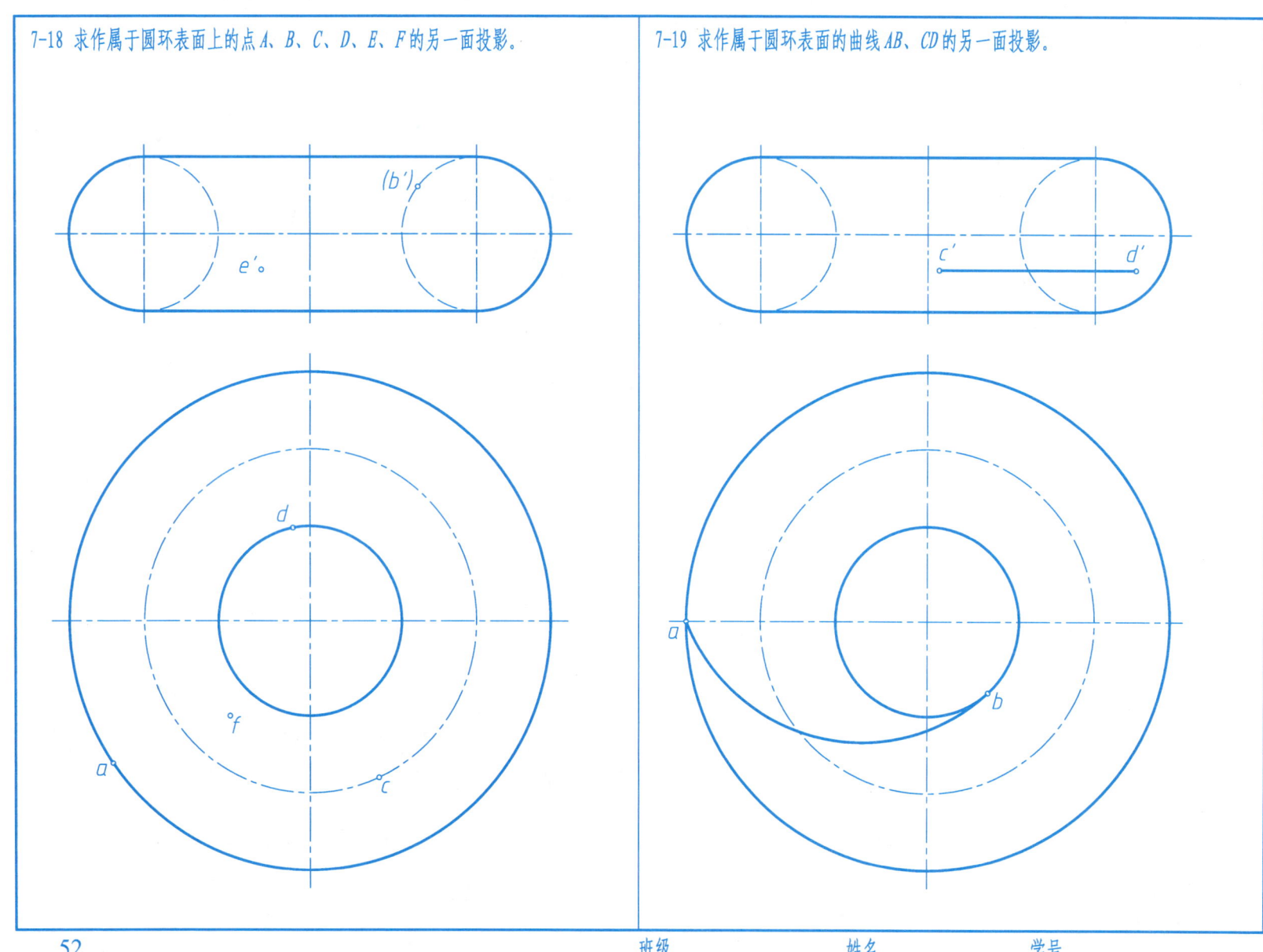

7-20 画出该同轴回转体的三面投影图（目测尺寸）。

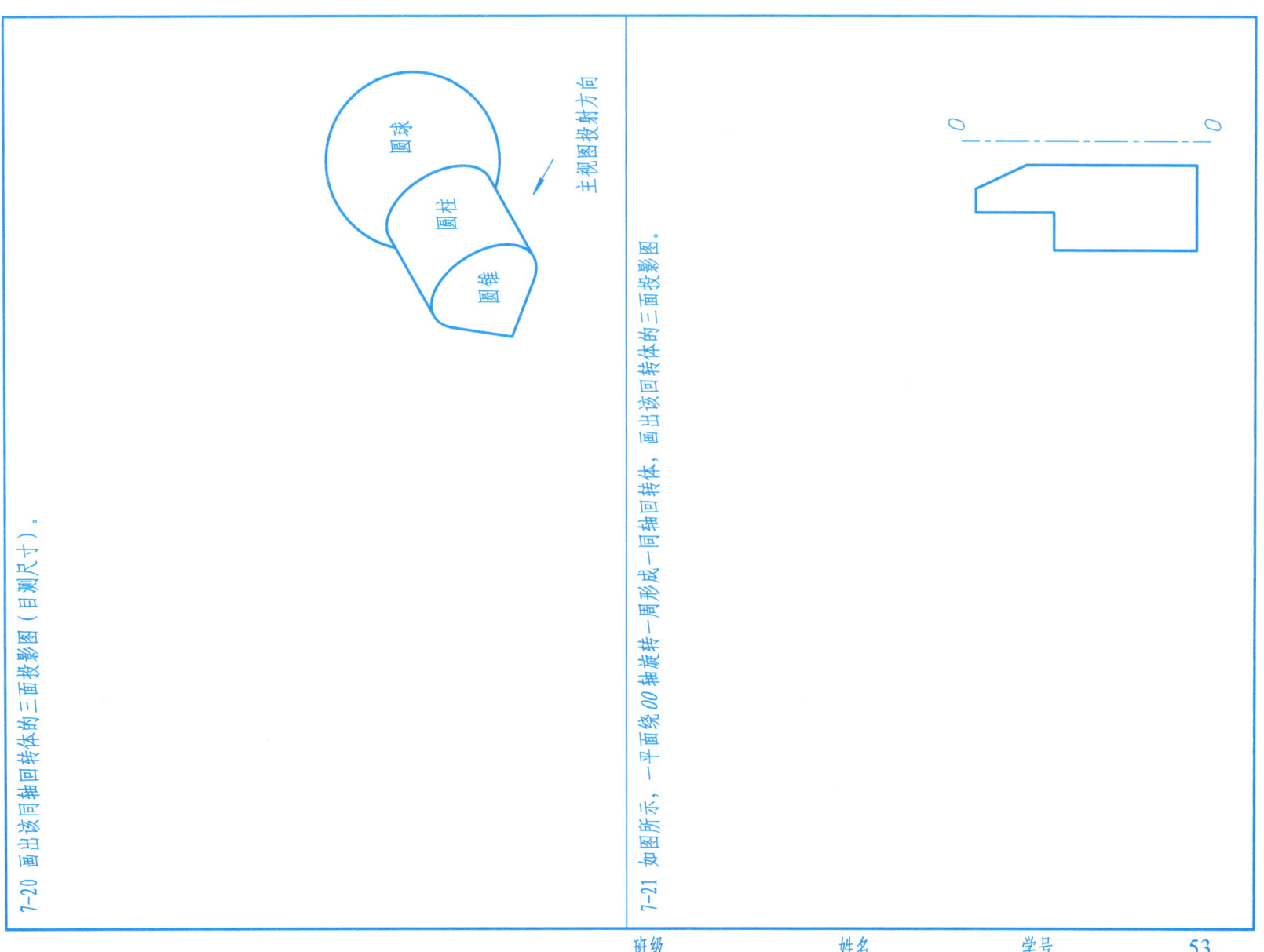

7-21 如图所示，一平面绕 OO 轴旋转一周形成一同轴回转体，画出该回转体的三面投影图。

7-22 想出同轴回转体的形状，分析该回转体上有哪几种回转面？画全同轴回转体的正面投影和侧面投影，并补画其水平投影。

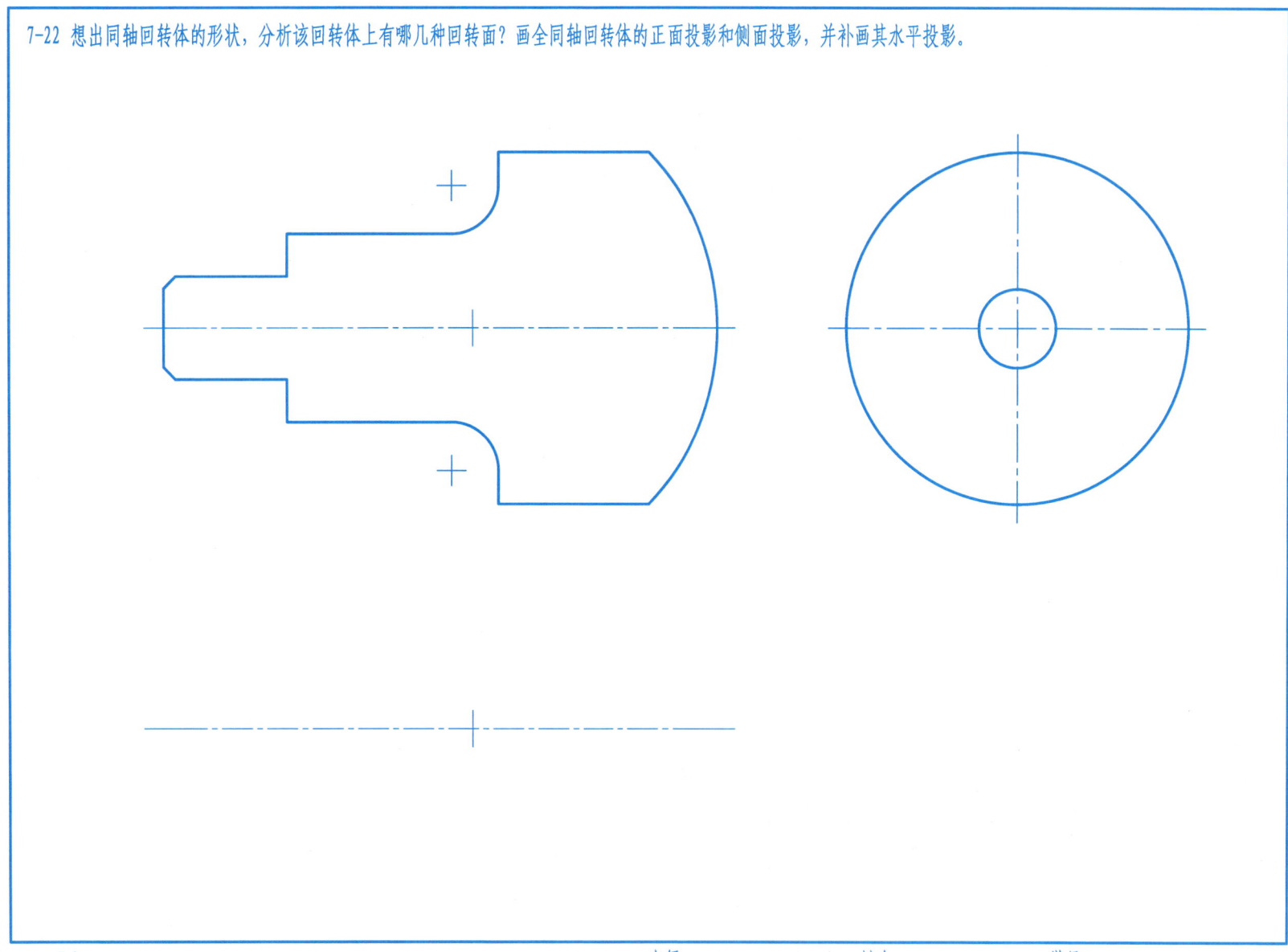

54　　　　　　　　　　　　　　　　　　　　班级　　　　　　姓名　　　　学号

7-23 已知属于回转体表面的点A、B的一个投影,求作另外两面投影。

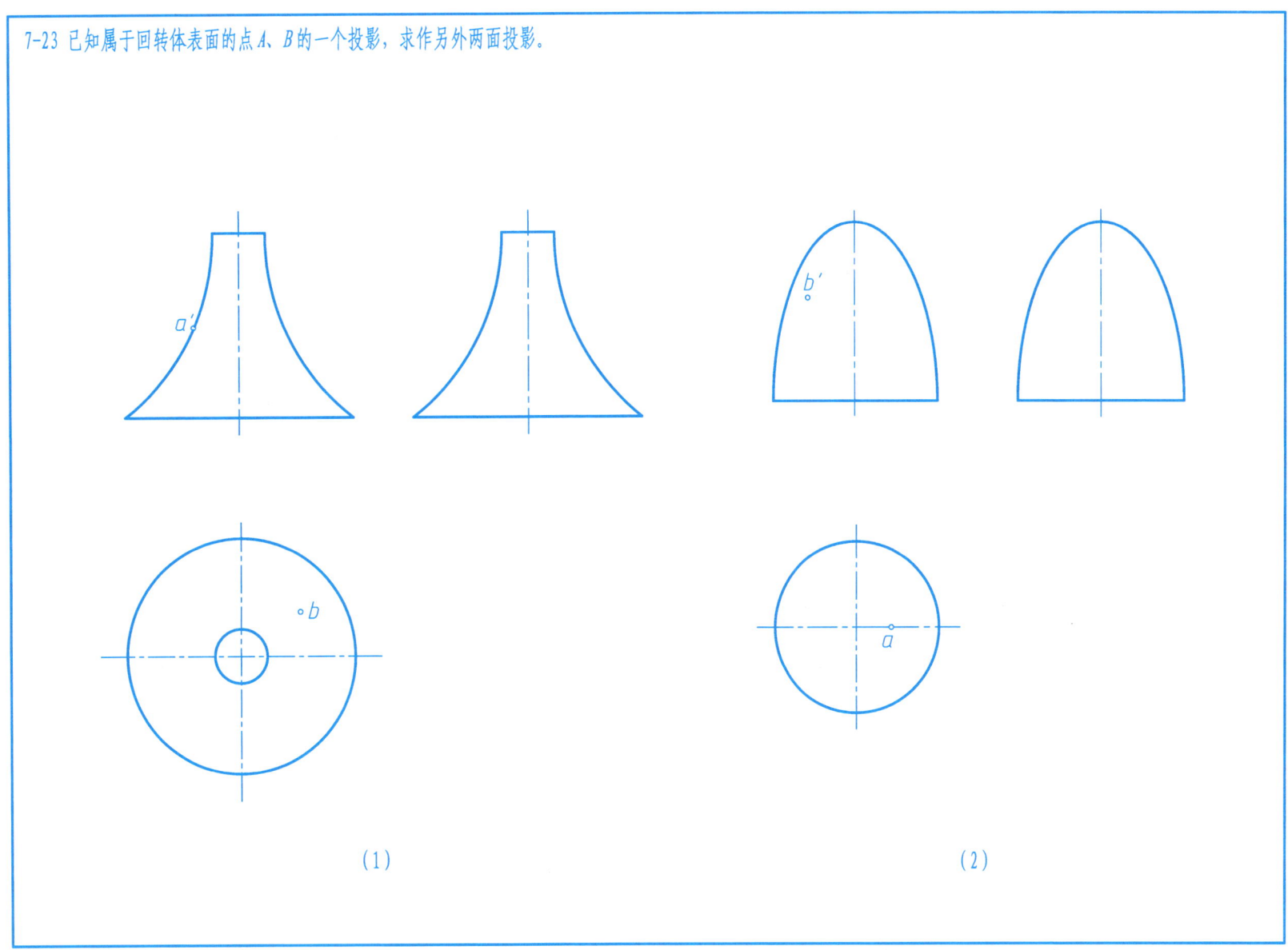

(1)   (2)

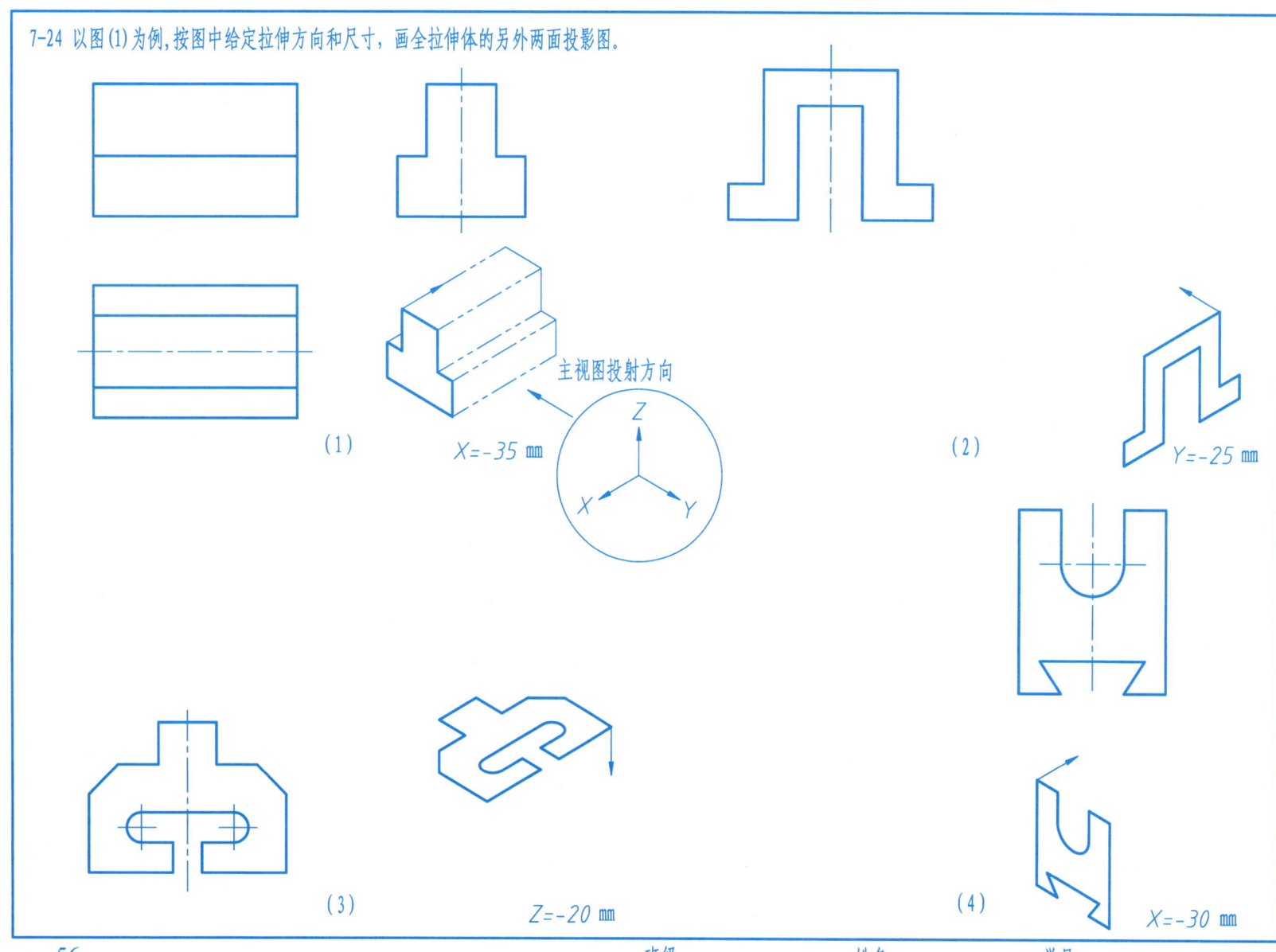

第八章 平面与立体相交、直线与立体相交

8-1 画出正垂面 P 与三棱锥的截交线的两面投影,并求作截平面的实形。

8-2 画出水平投影图。

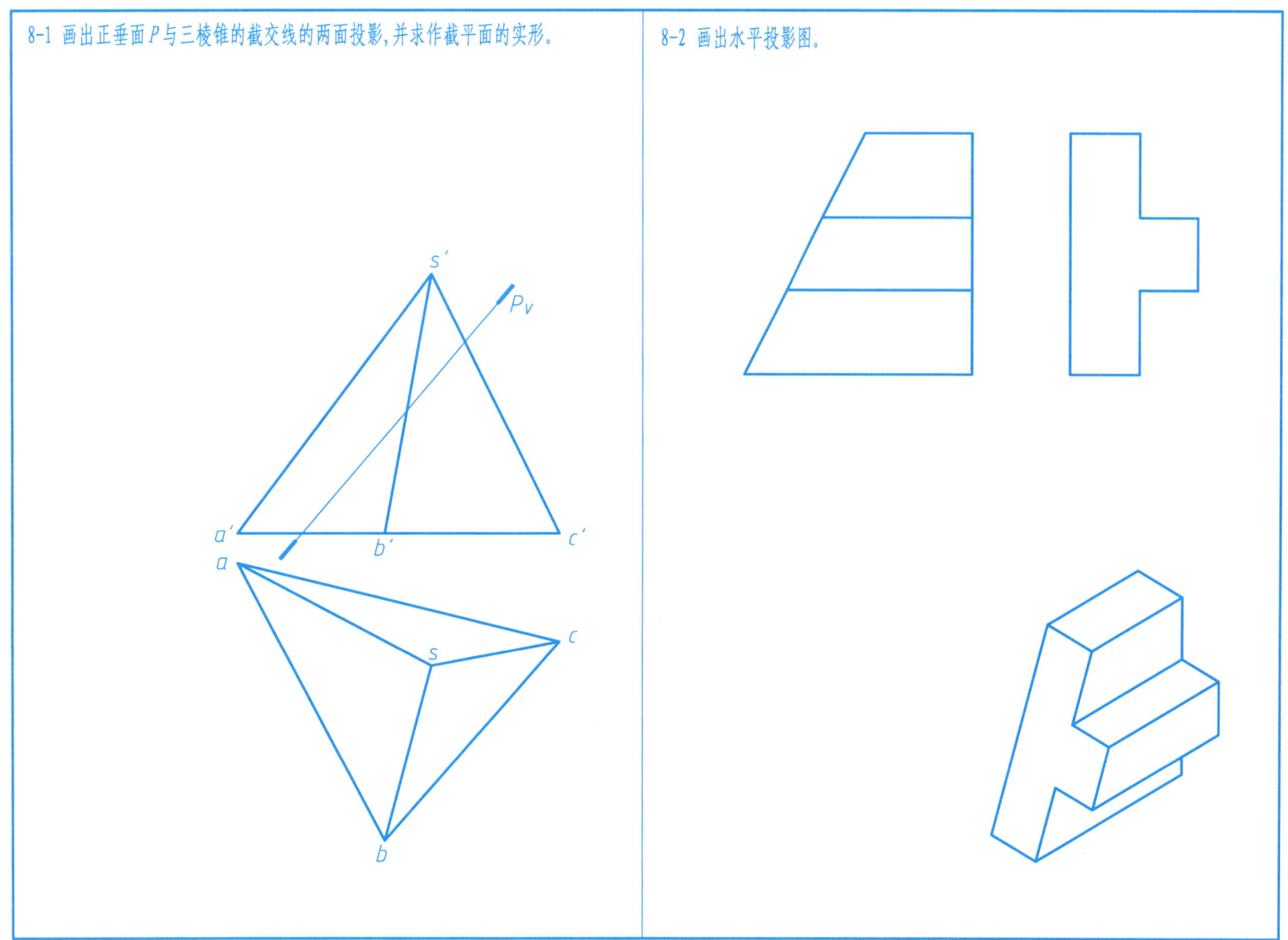

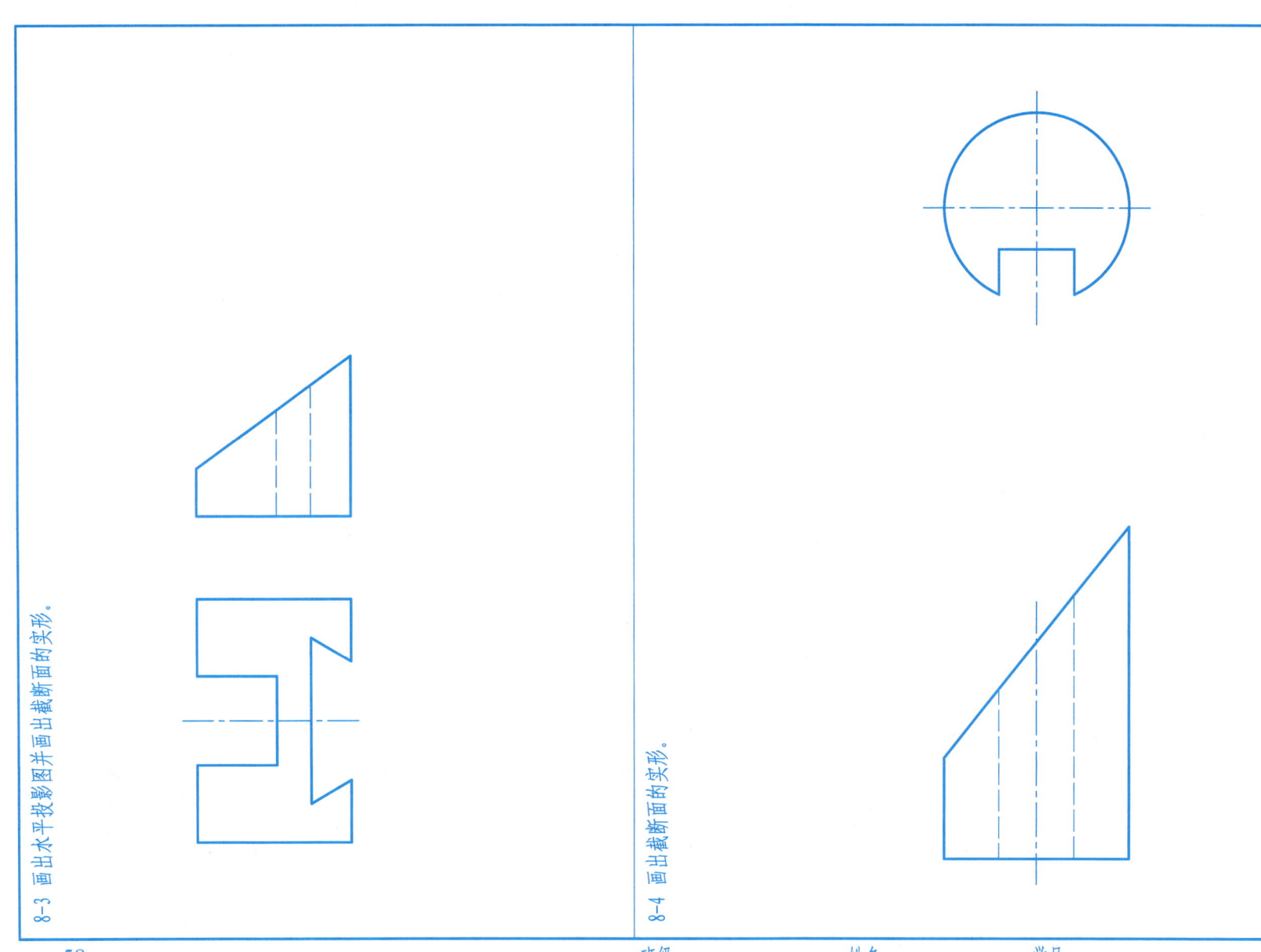

8-5 画出正垂面 Q 与圆锥的截交线的两面投影并画出截断面的实形。

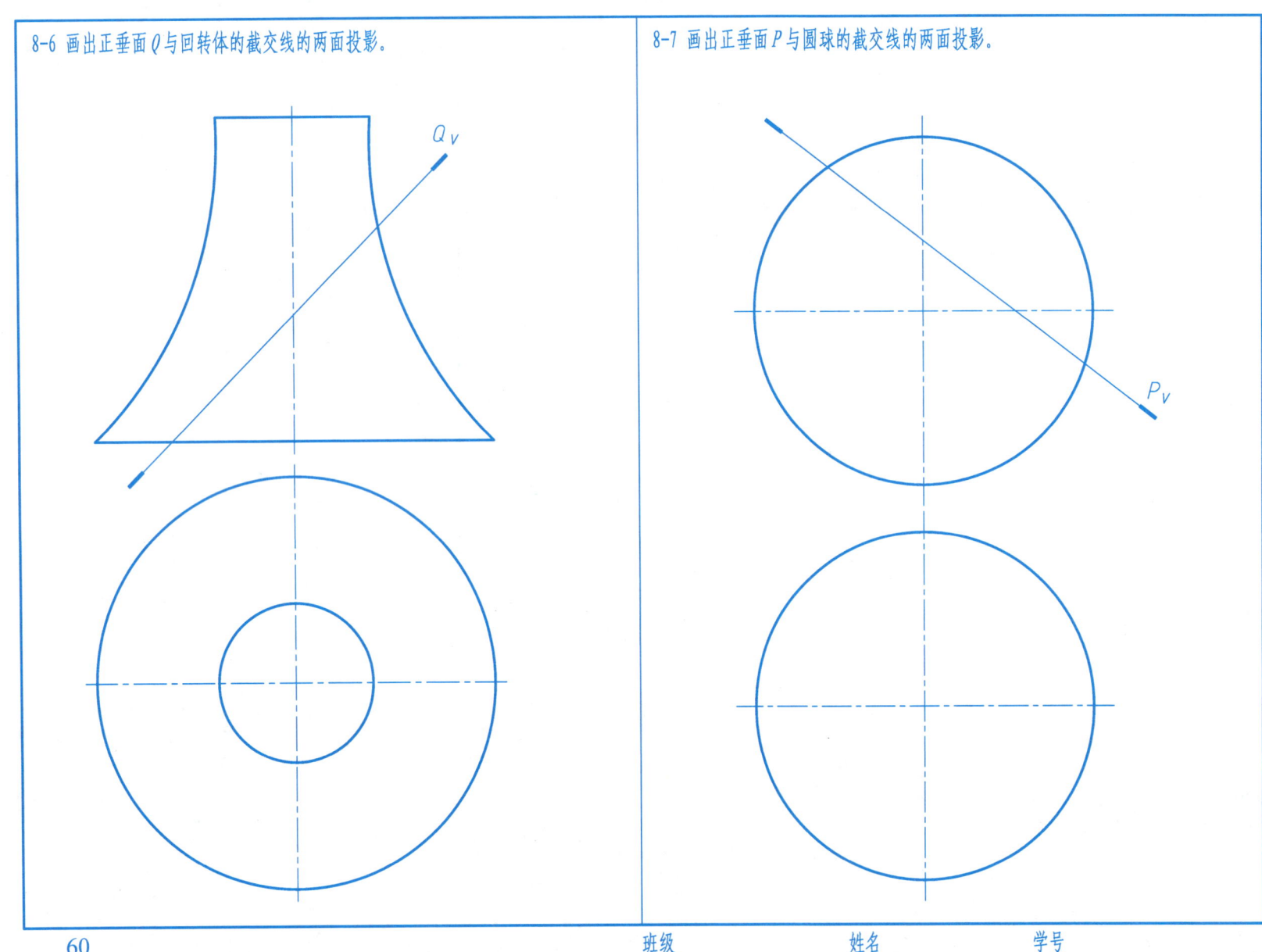

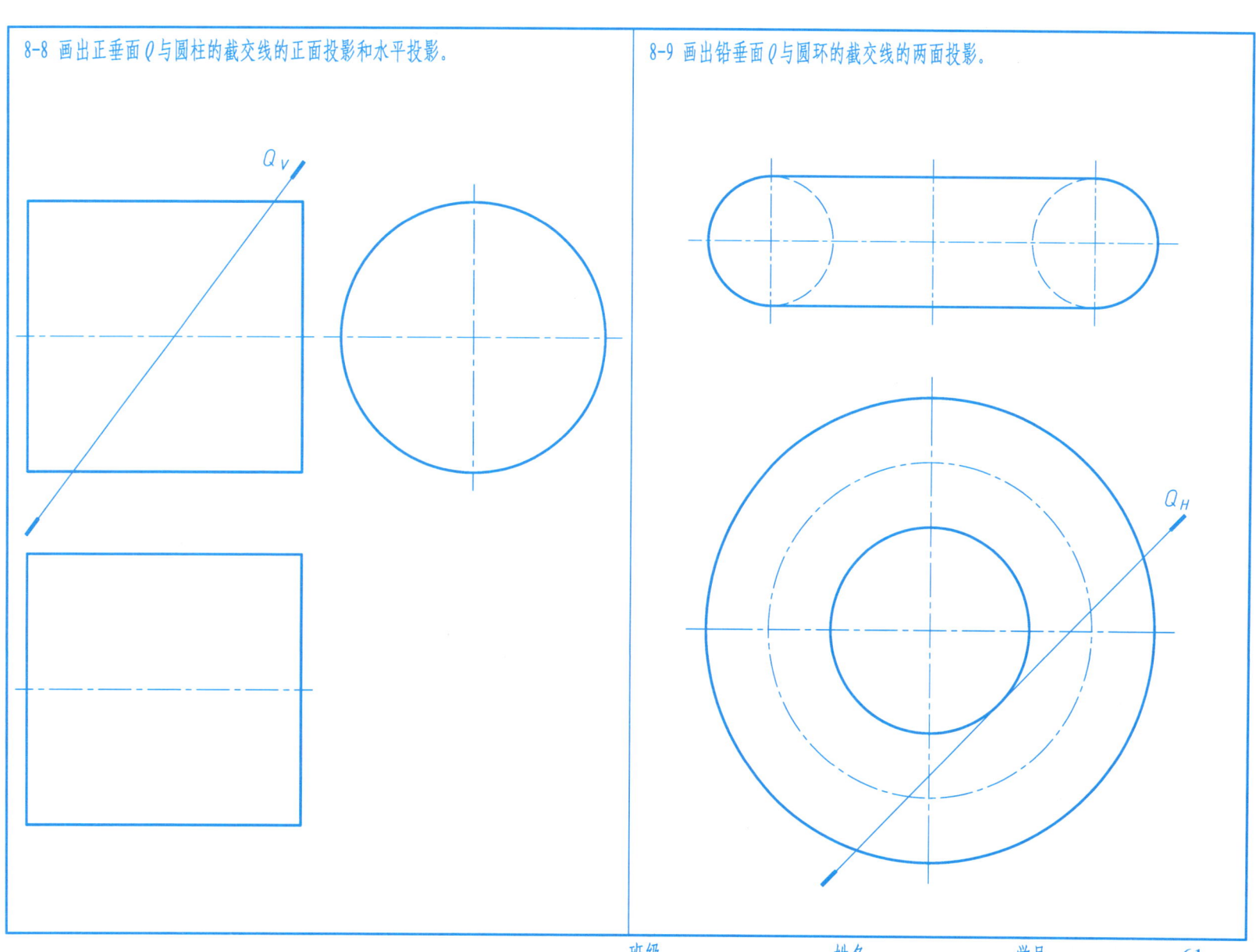

8-10 画出平面△ABC与圆锥的截交线的两面投影并判别可见性。

8-11 画出平面△ABC与圆球的截交线的两面投影并判别可见性。

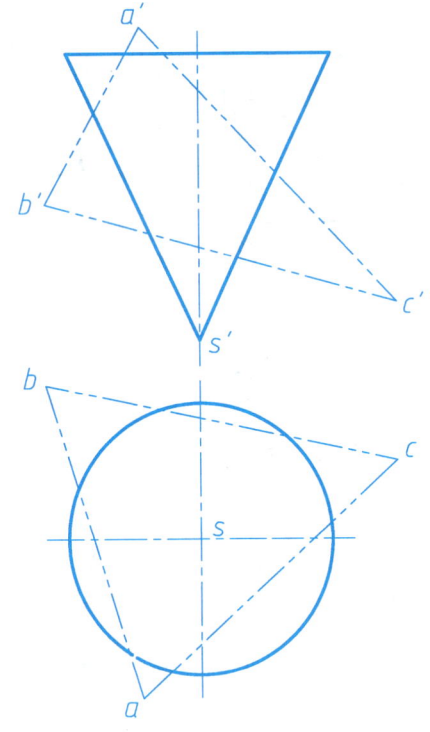
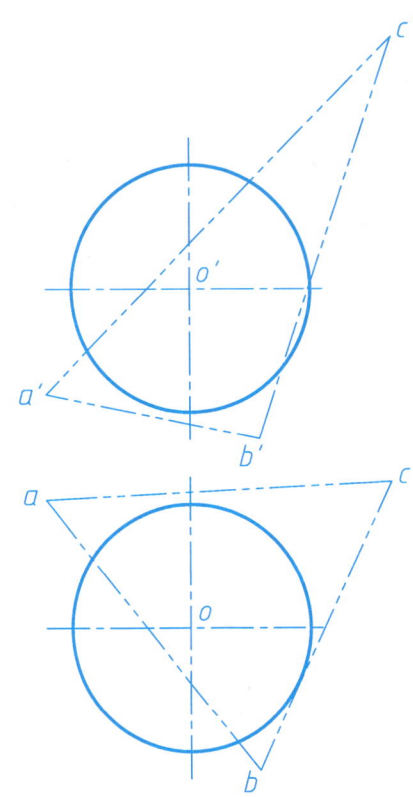

62　　　　　　　　　　　　　　　班级　　　　姓名　　　　学号

8-12 求出距离点 O 为 30 mm，并且距离铅垂面 Q 为 20 mm 的所有点的集合。

8-13 在平面 △ABC 上求出距离直线 EF 为 14 mm 的所有点的集合。

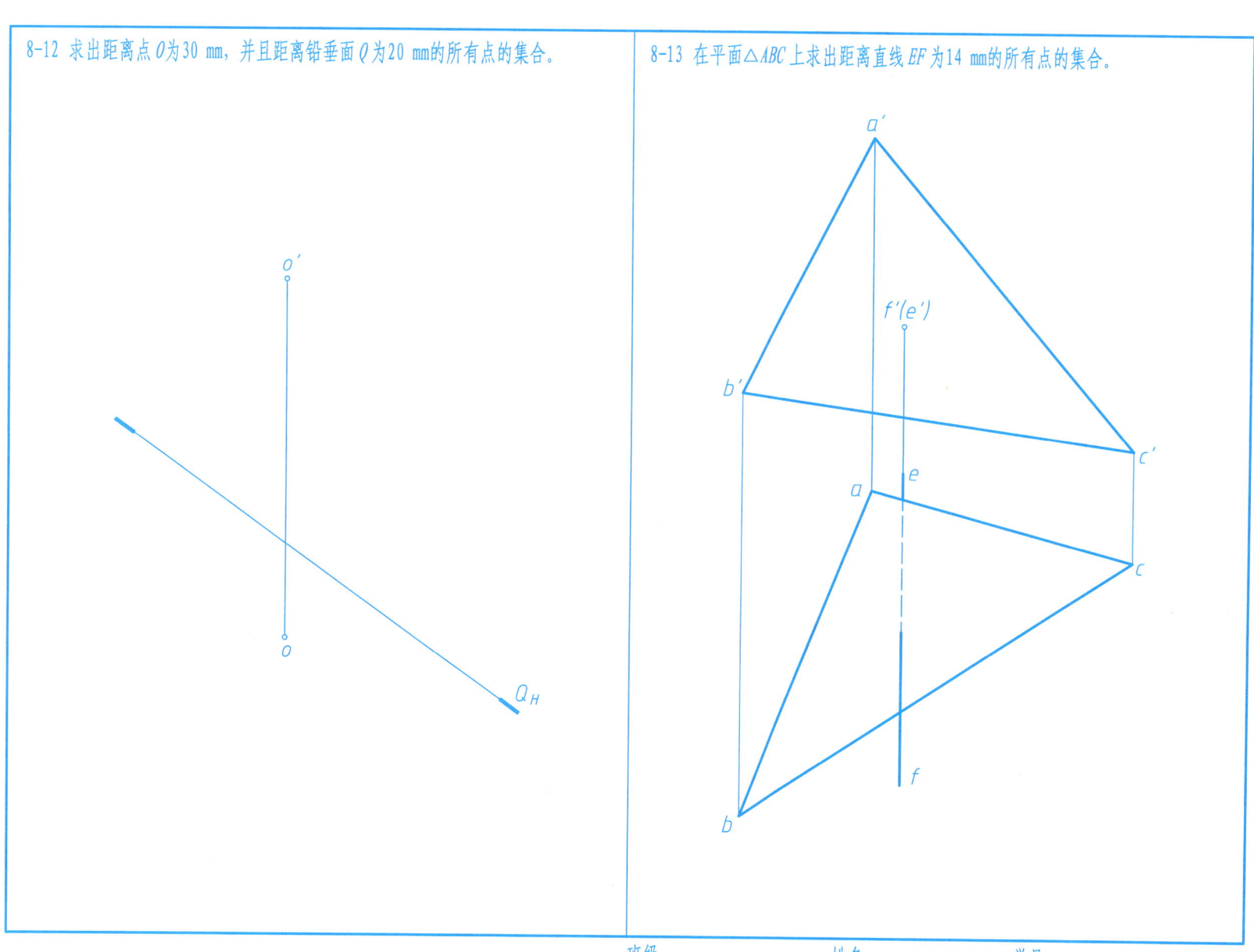

8-14 画出顶尖的水平投影。

8-15 画全回转体被截切后的正面投影及侧面投影。

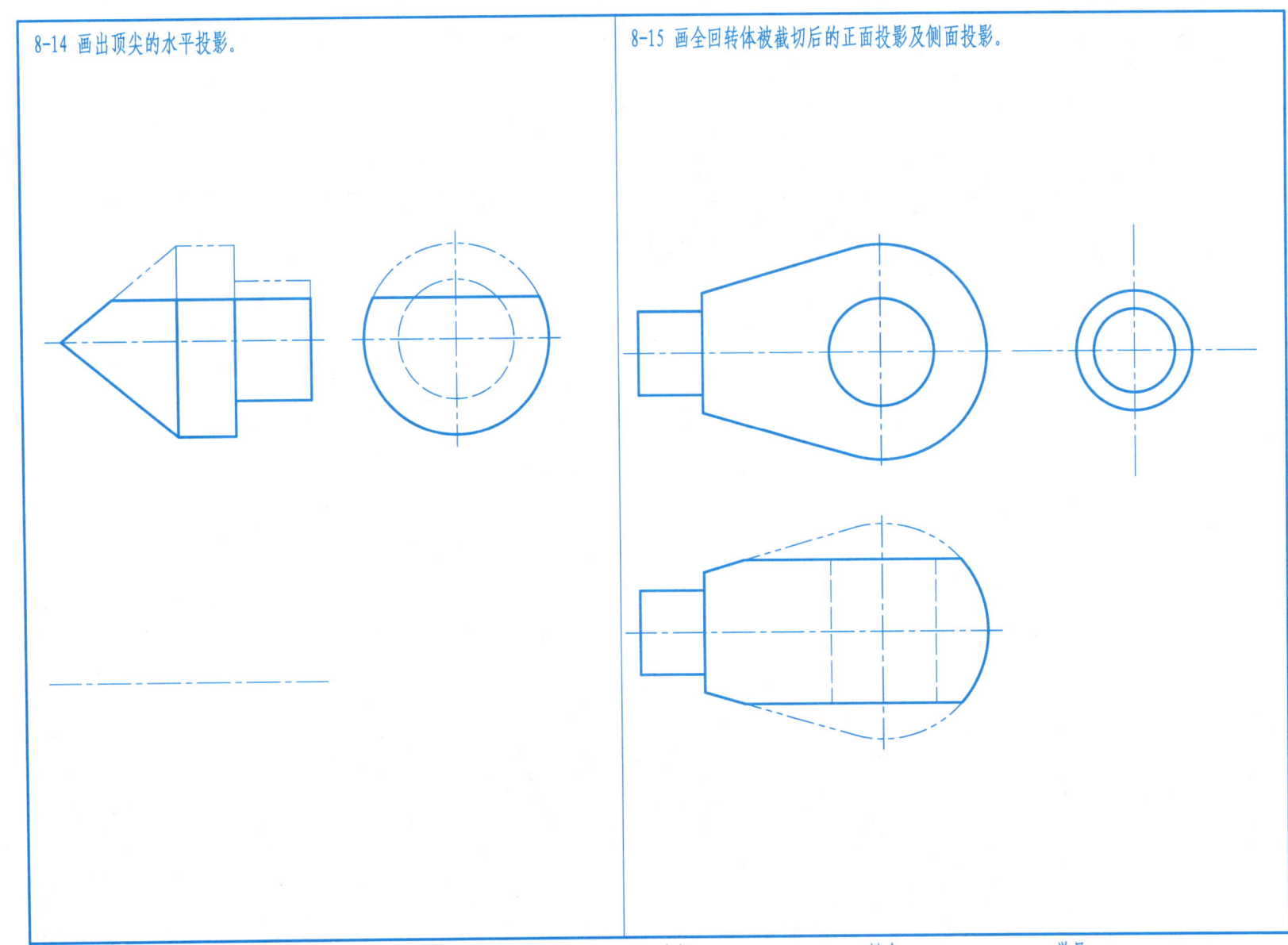

64　　　　　　　　　　　　　　　　　　班级　　　　姓名　　　　学号

8-16 画全回转体被截切后的正面投影。

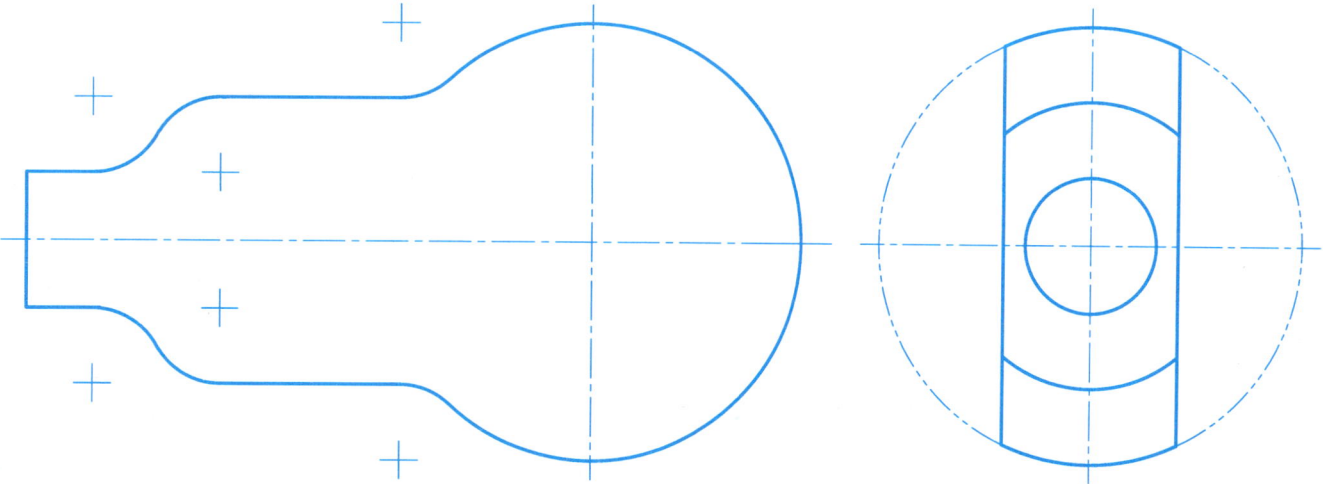

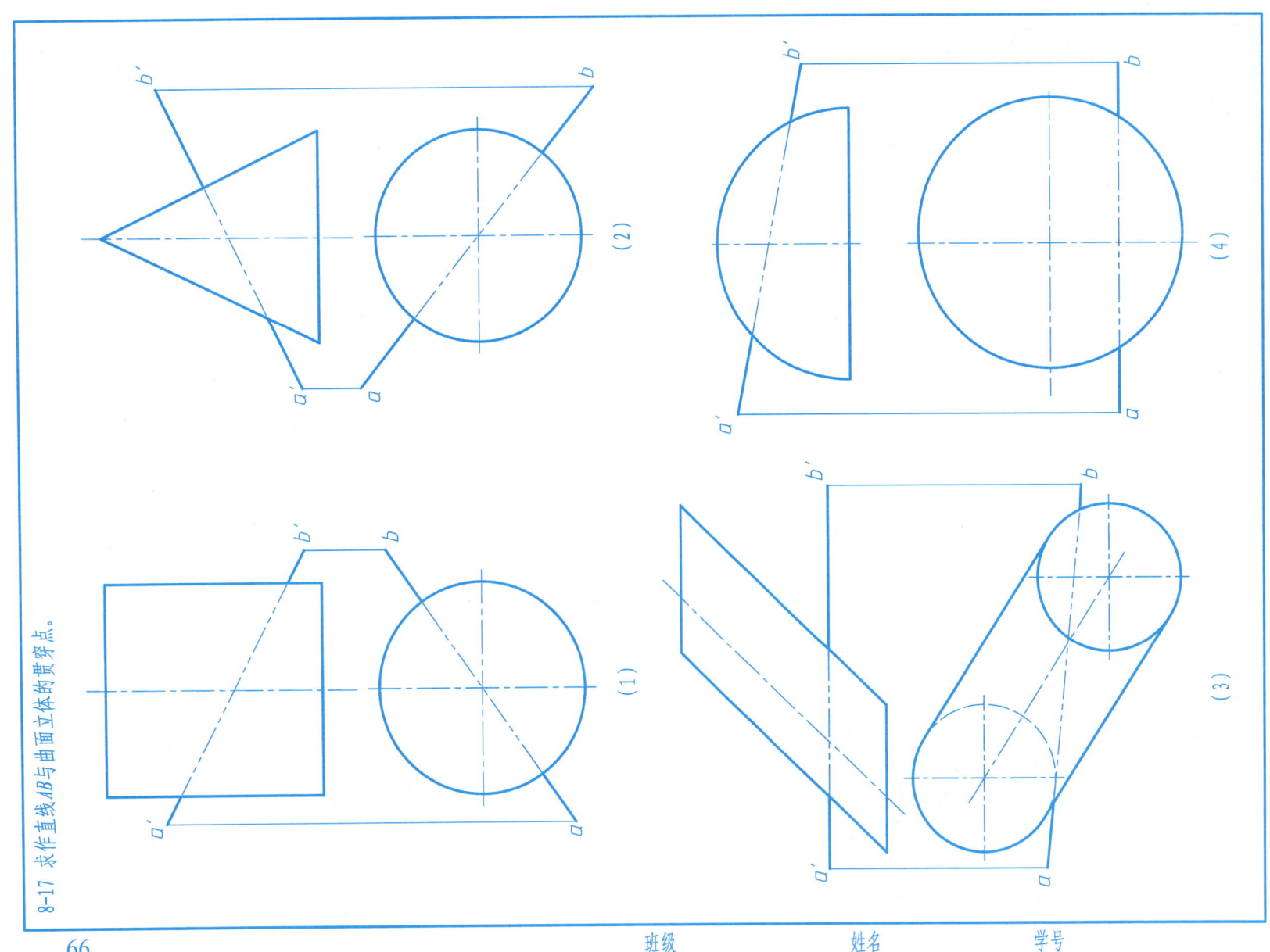

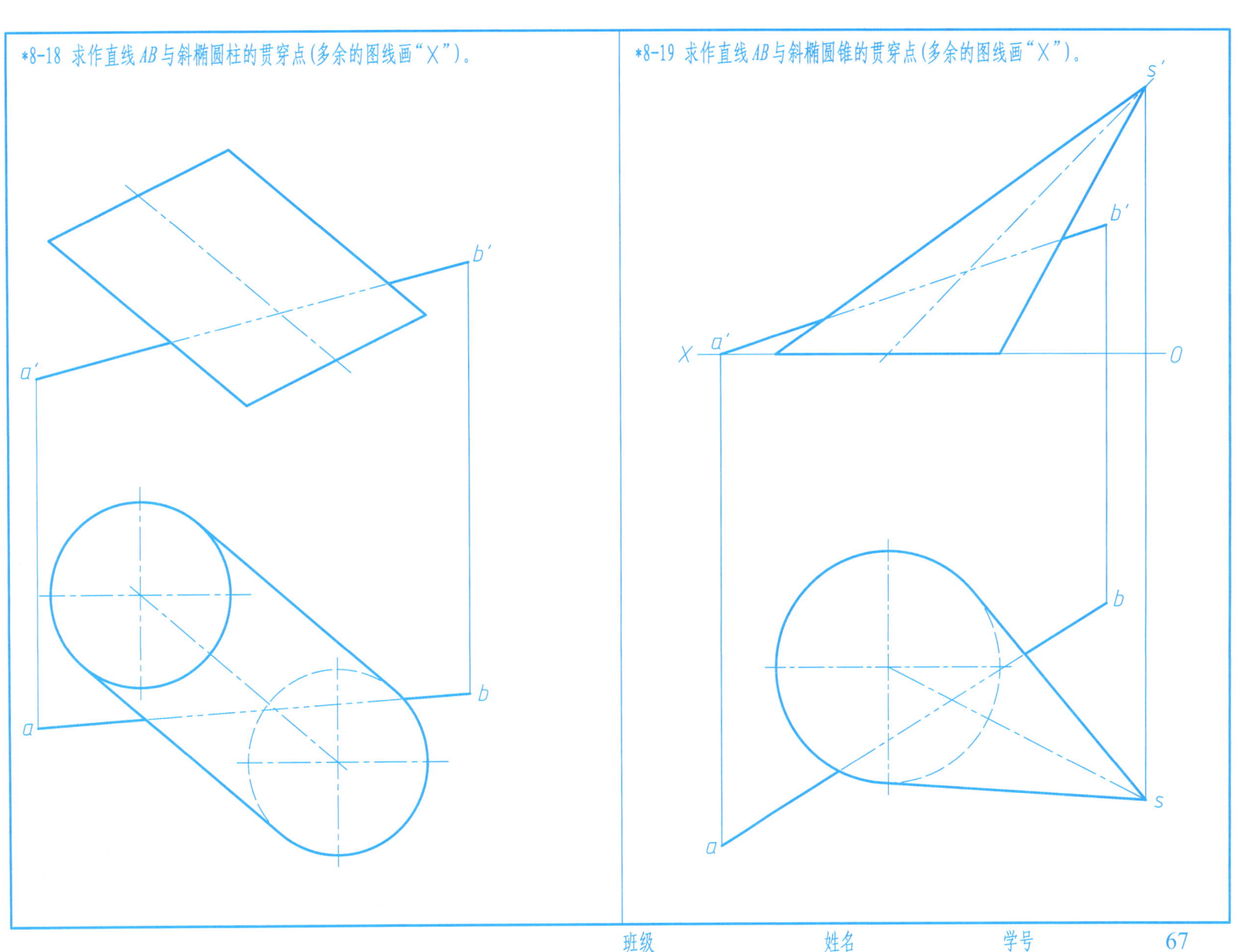

8-20 在圆球表面上求与点 A 距离最短的点 K 的两面投影。

8-21 在直线 AB 上找出与点 C 距离为 20 mm 的点的两面投影。

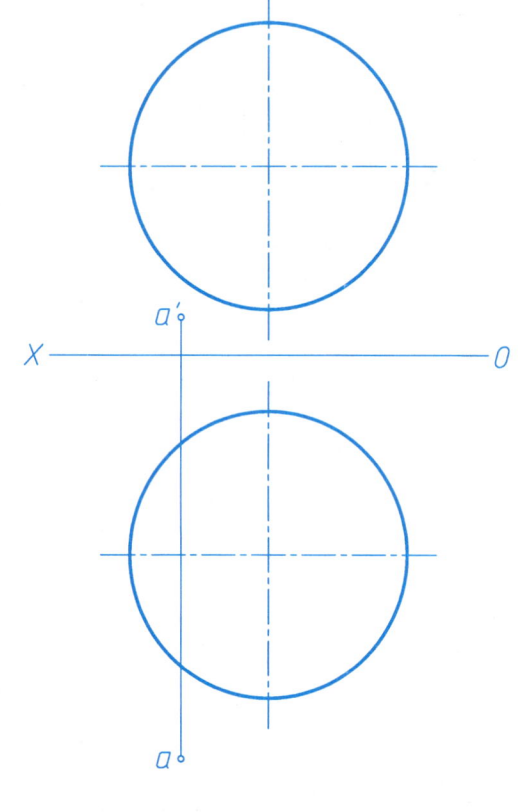

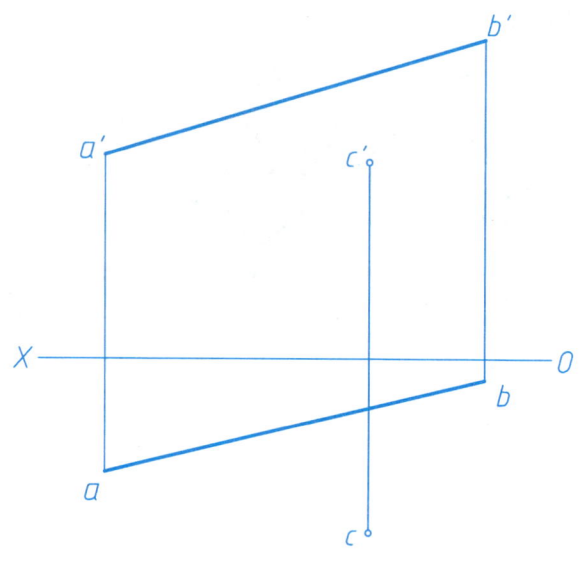

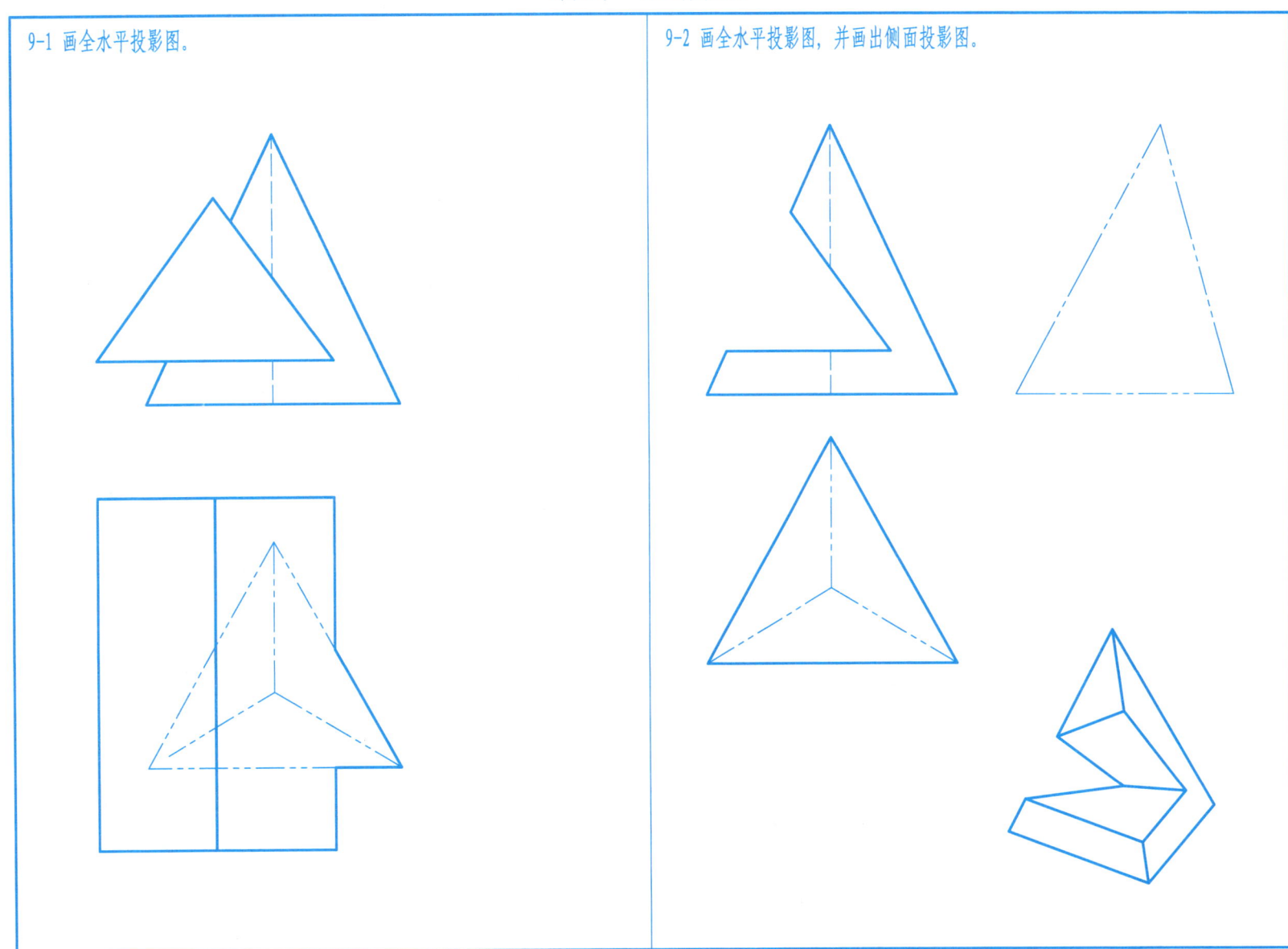

9-3 画出侧面投影图。

9-4 画全四棱柱与圆环相交的正面投影图。

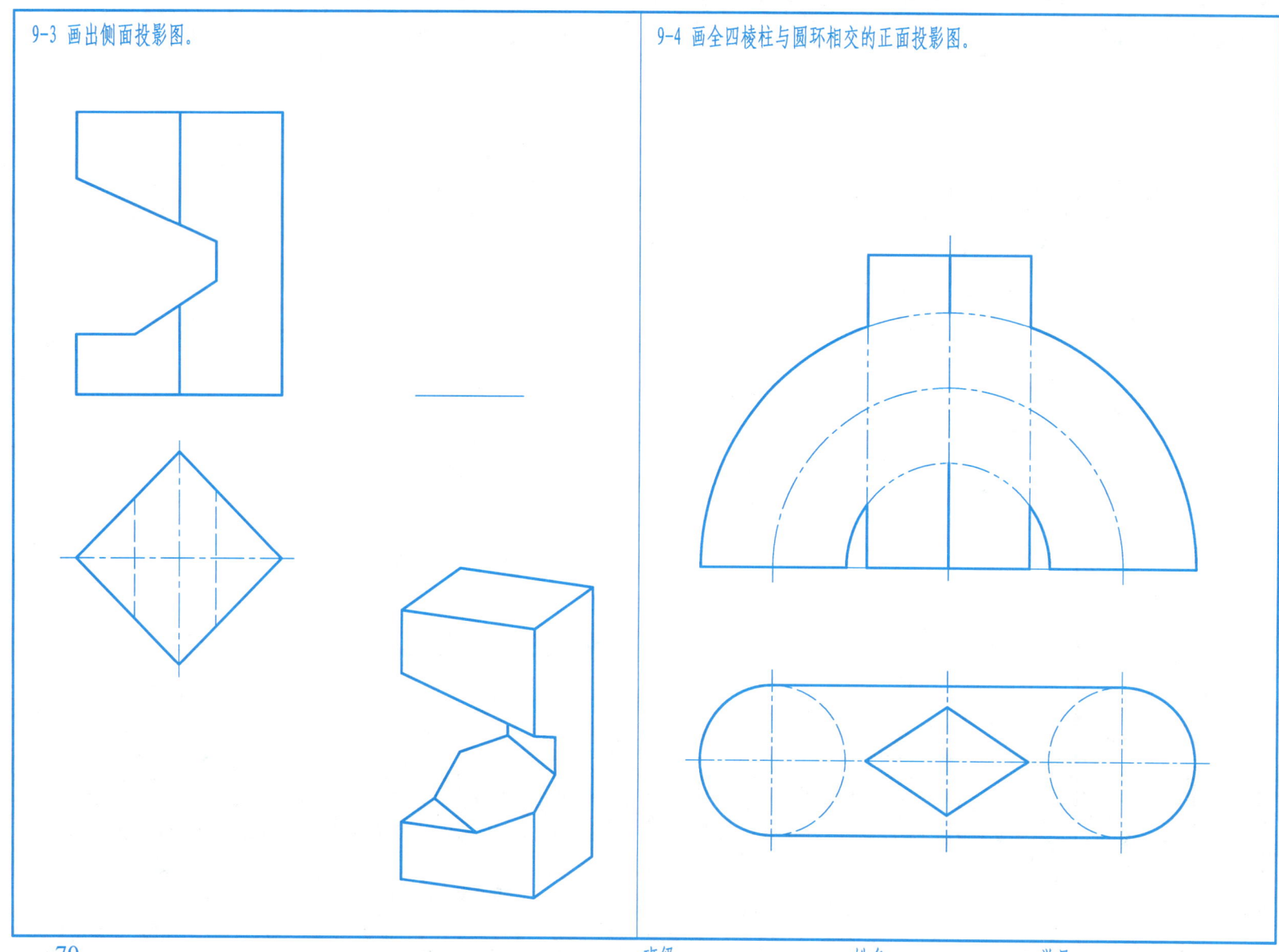

9-5 画全水平投影图，并画出侧面投影图。

9-6 画全长方体与圆锥相交的正面投影图和水平投影图。

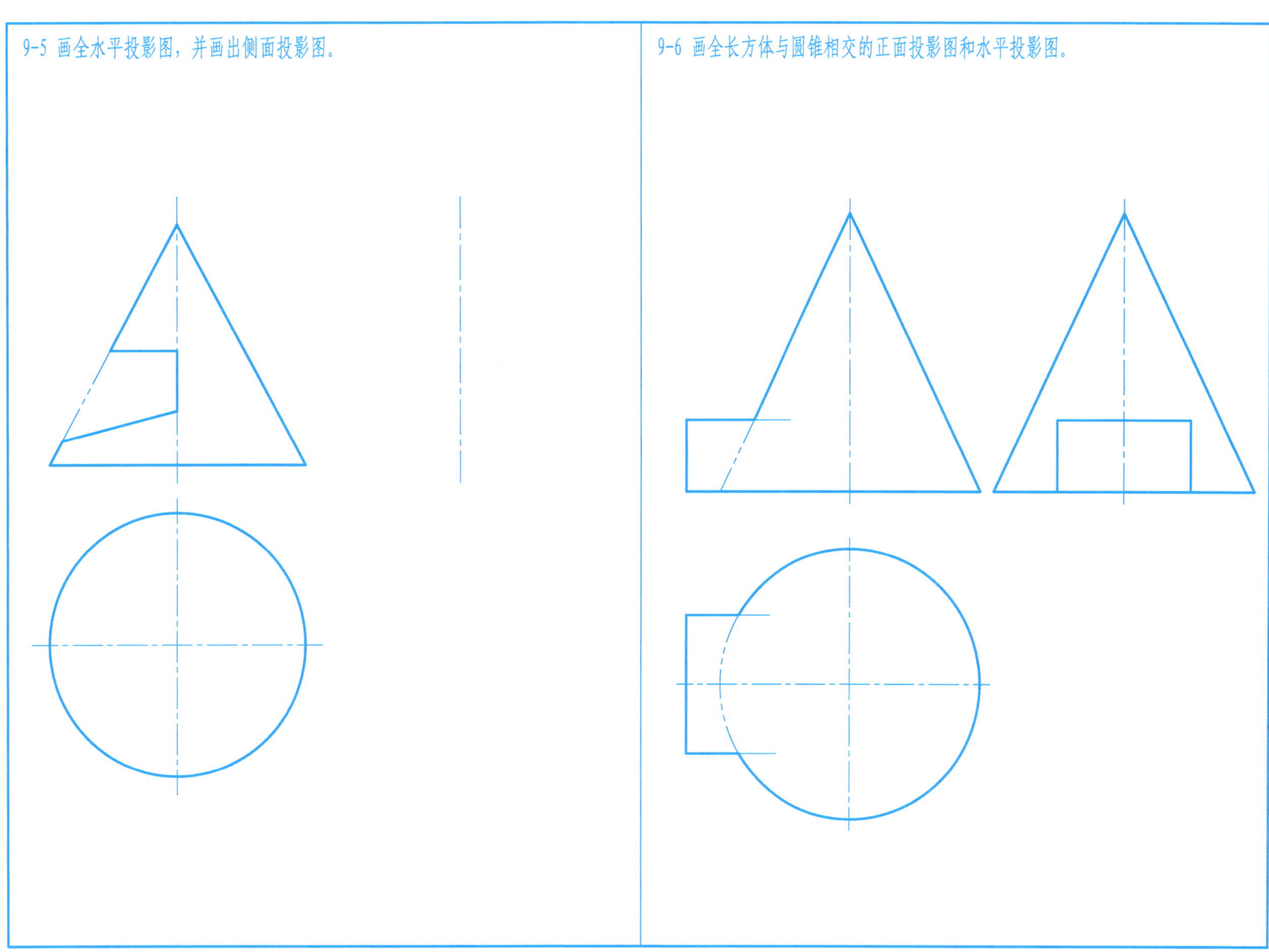

71

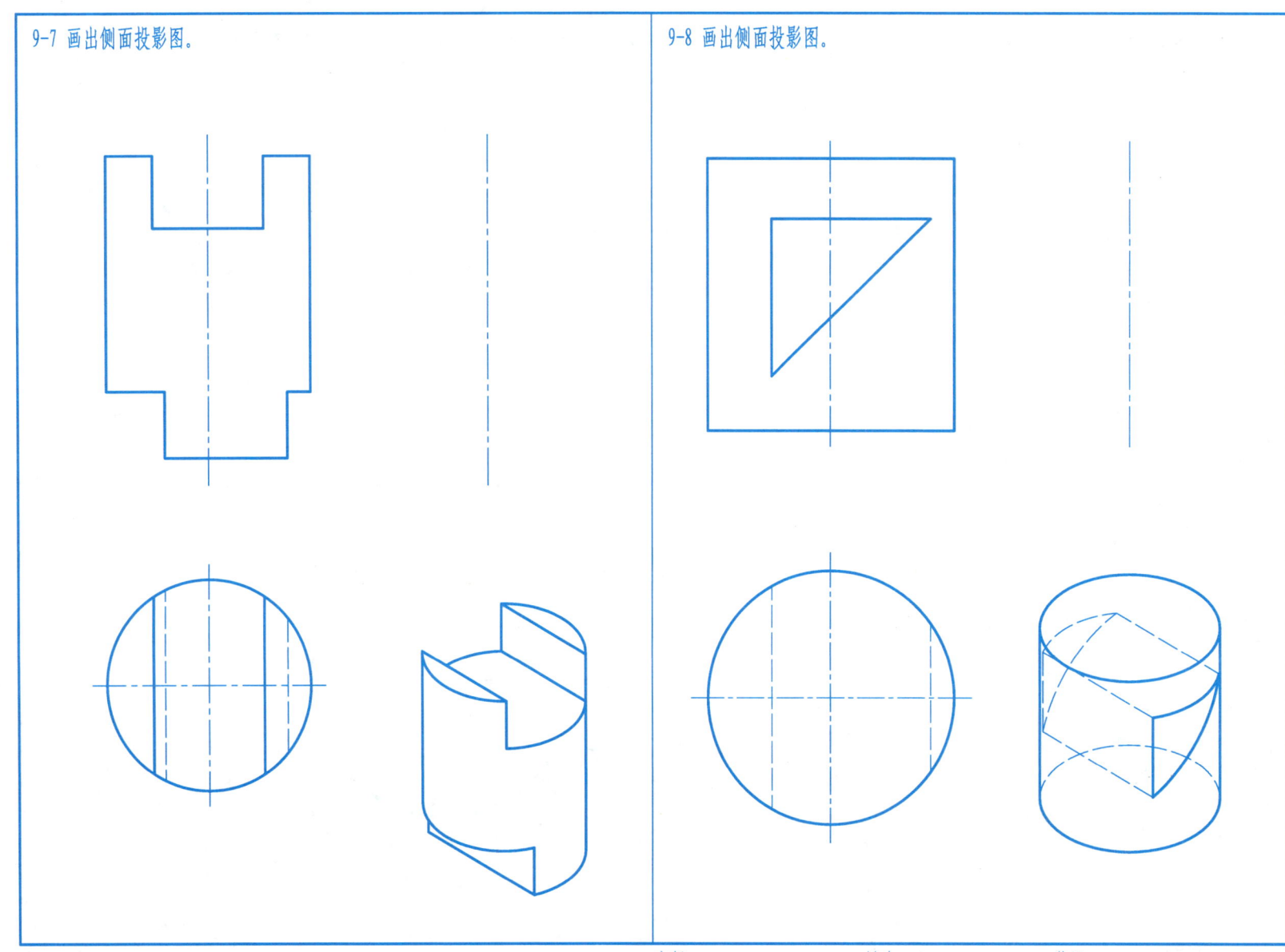

9-9 画出正面投影图。

9-10 画出正面投影图。

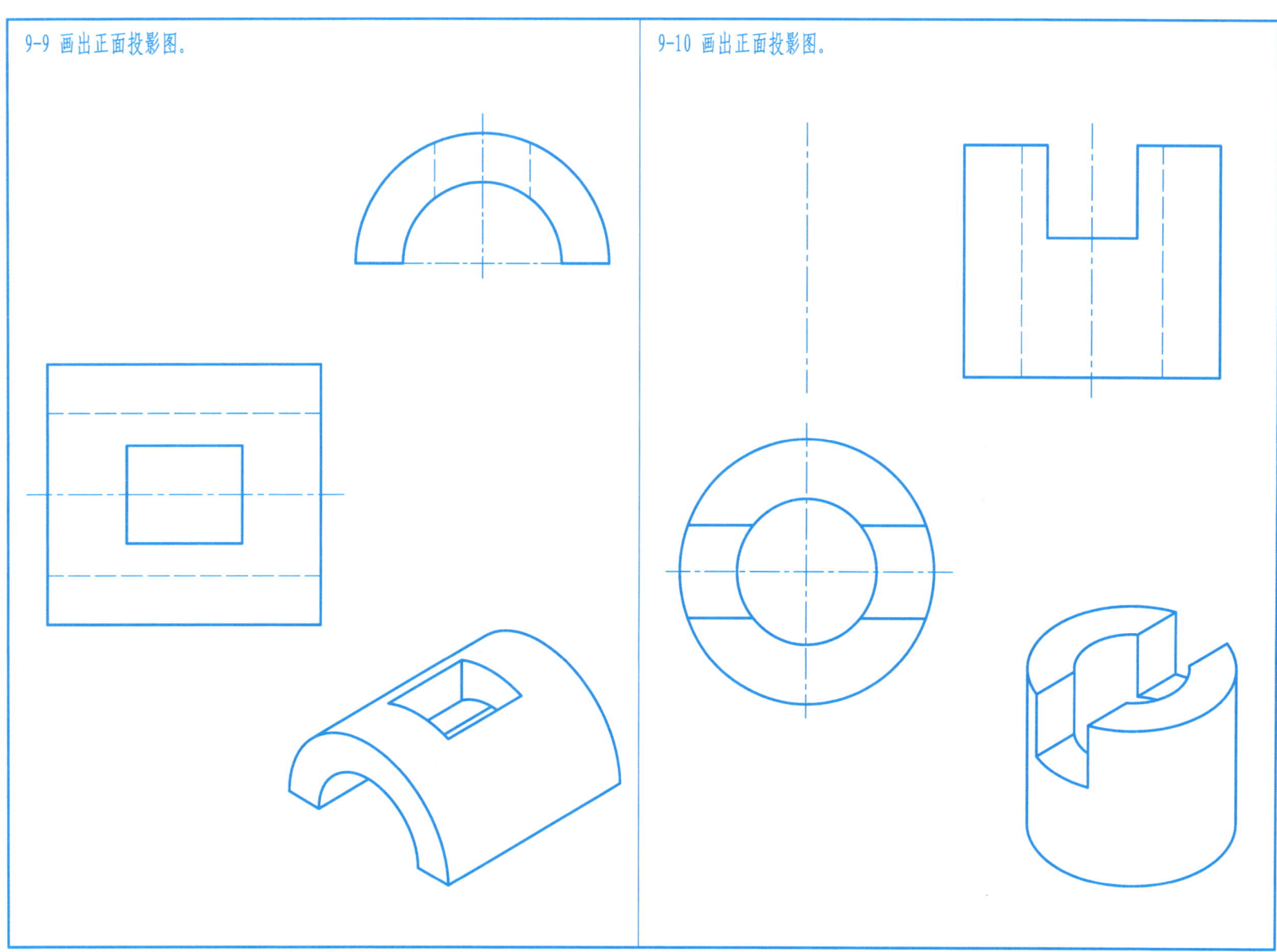

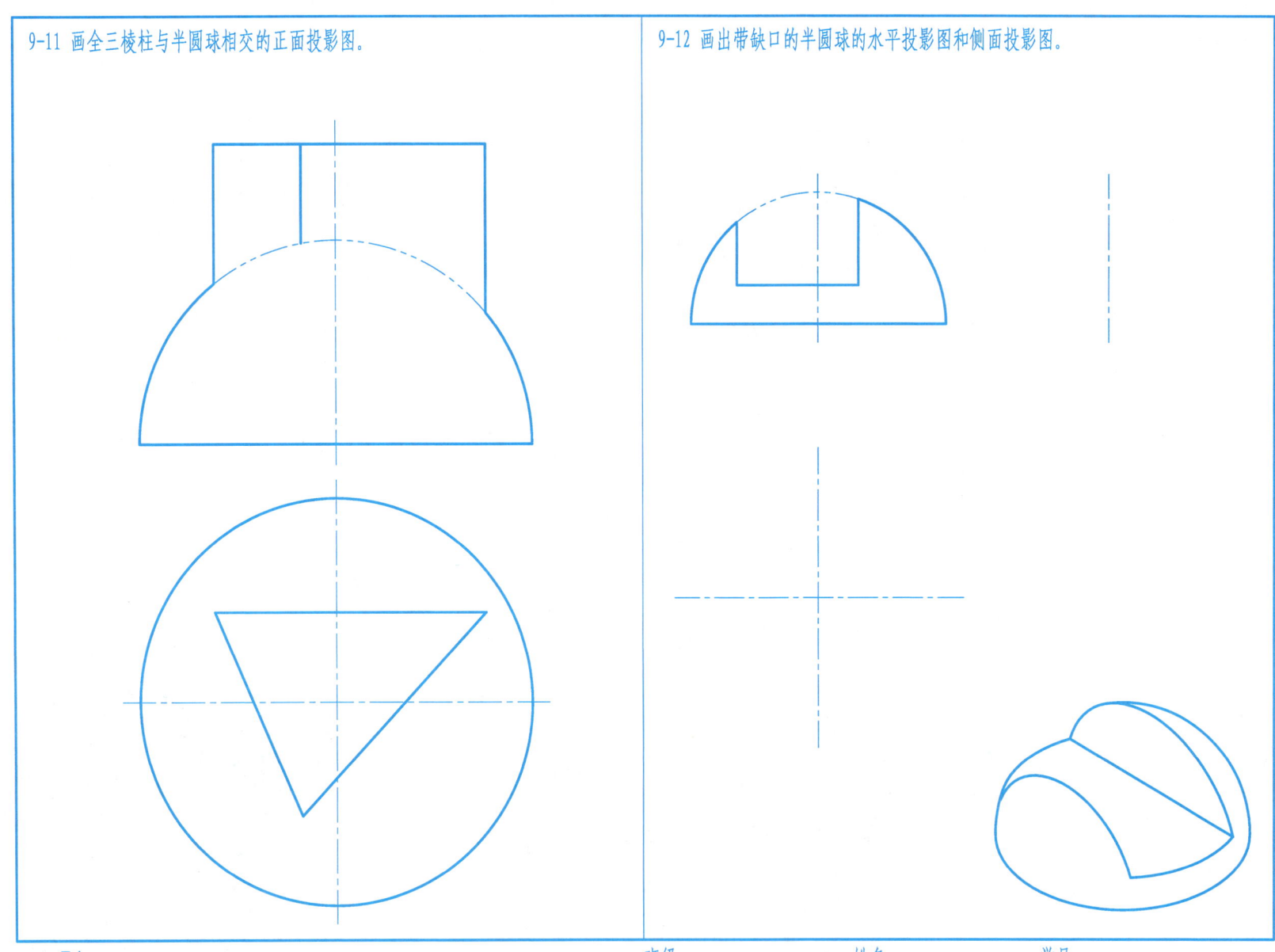

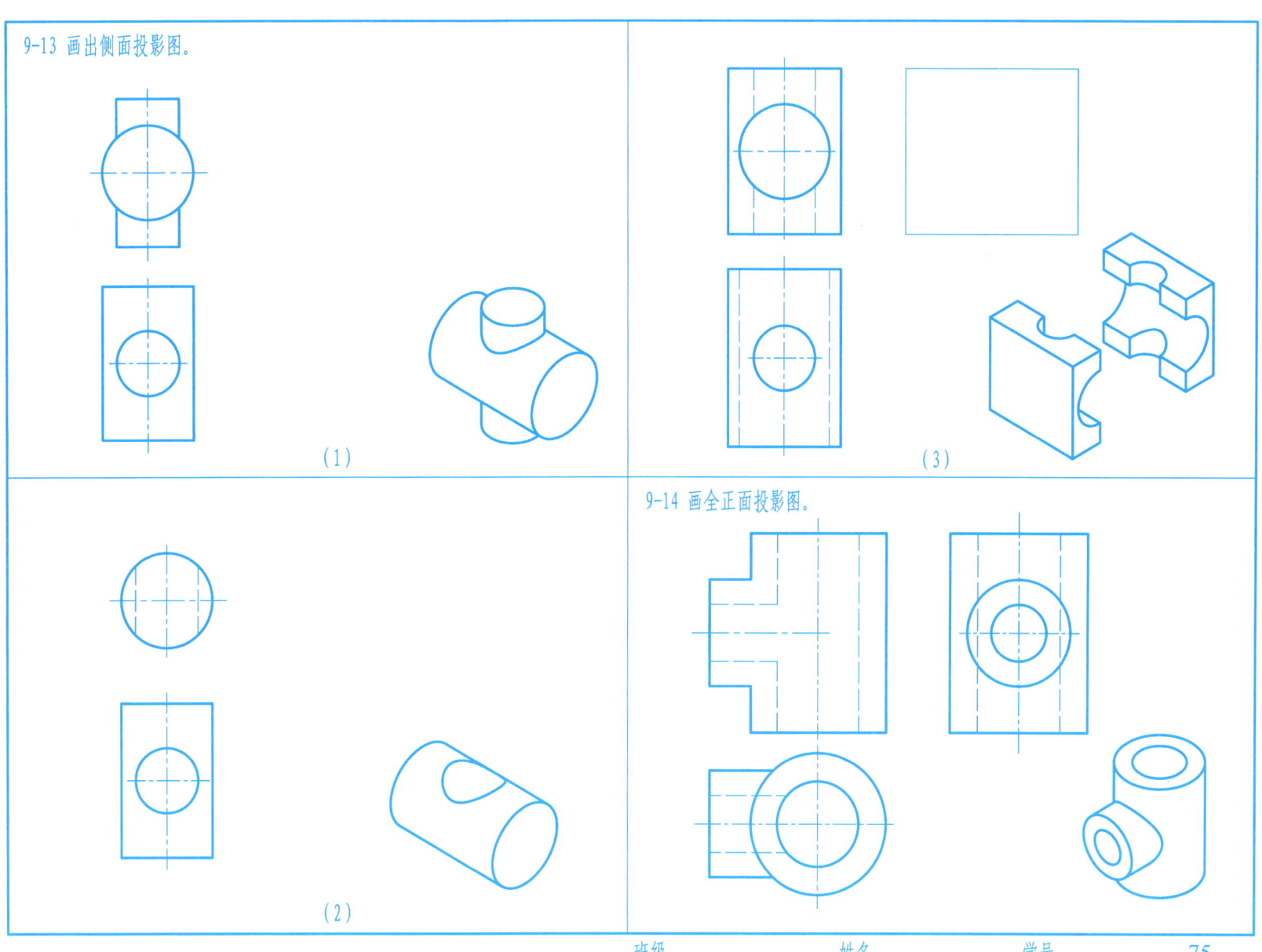

9-15 画全两圆柱相交的侧面投影图。

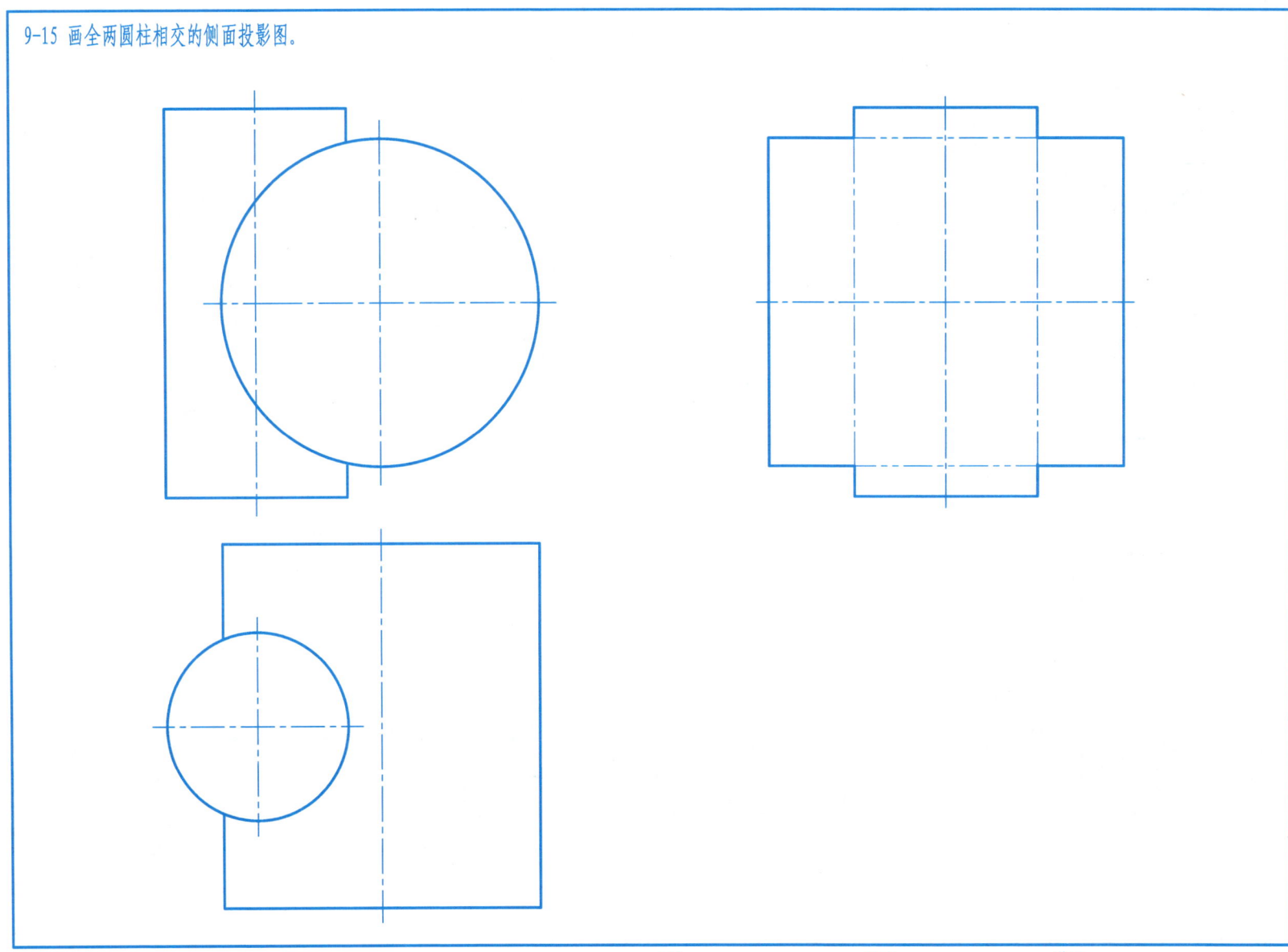

9-16 画全圆柱与圆锥相交的水平投影图和侧面投影图。

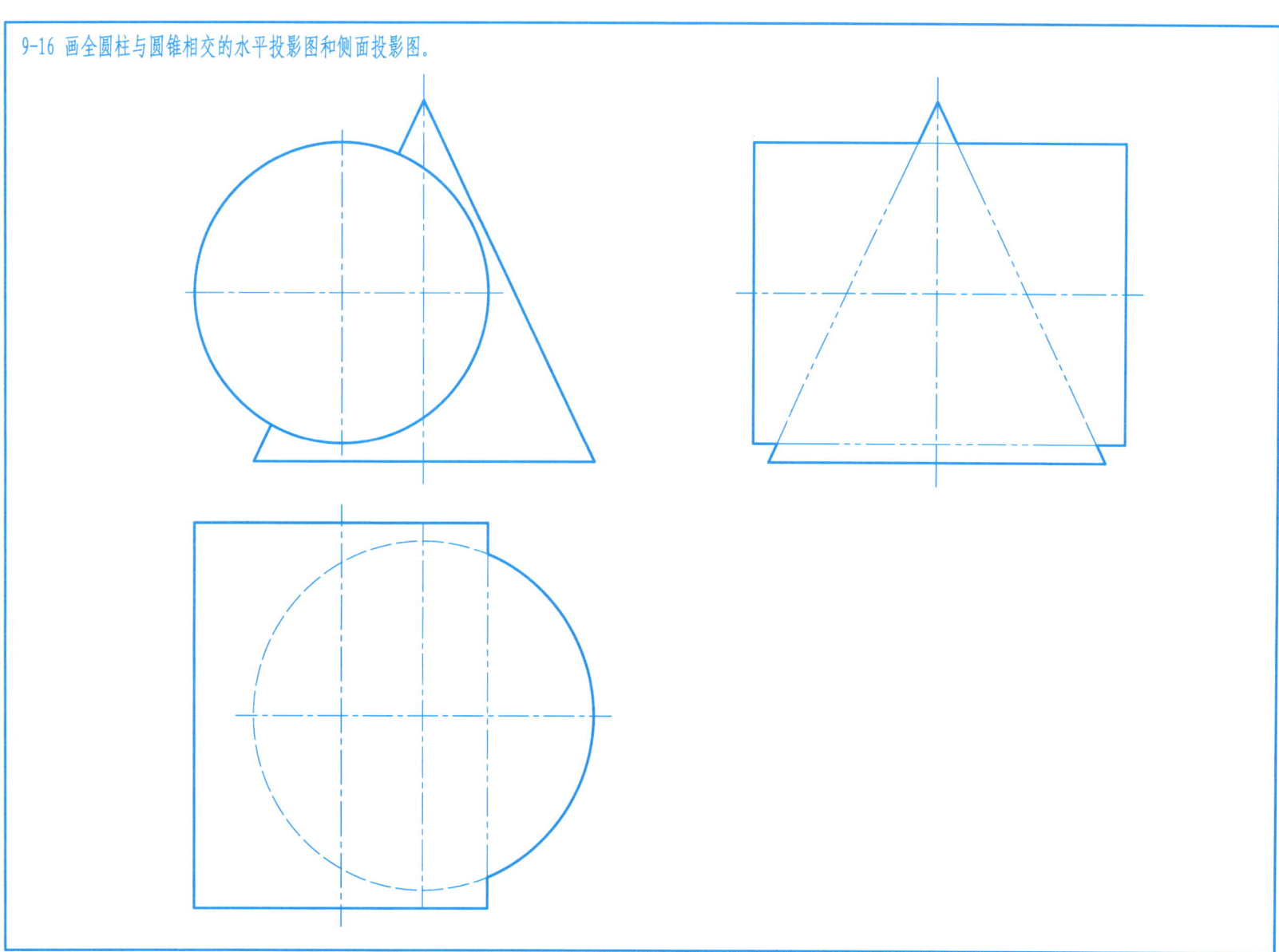

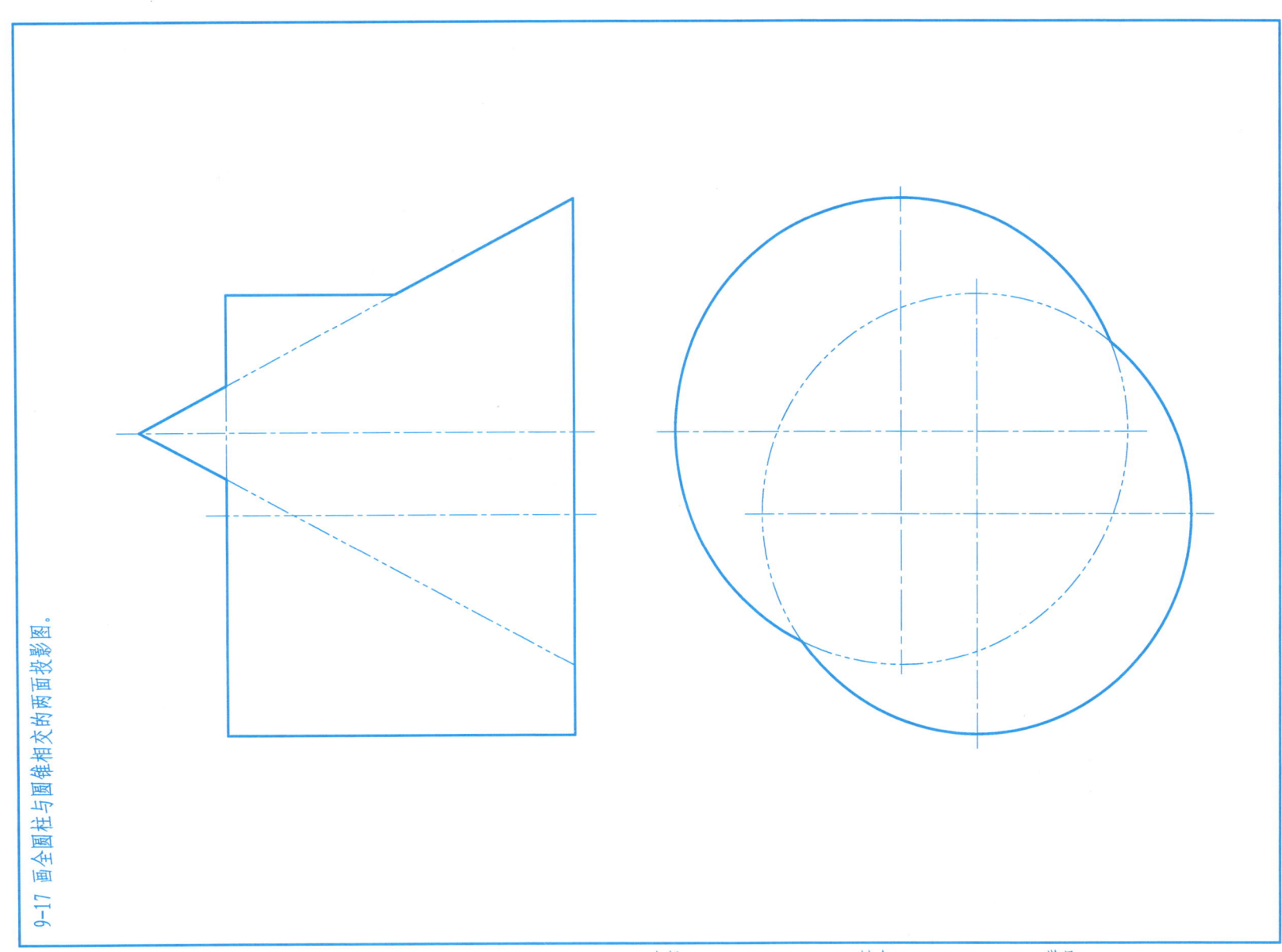

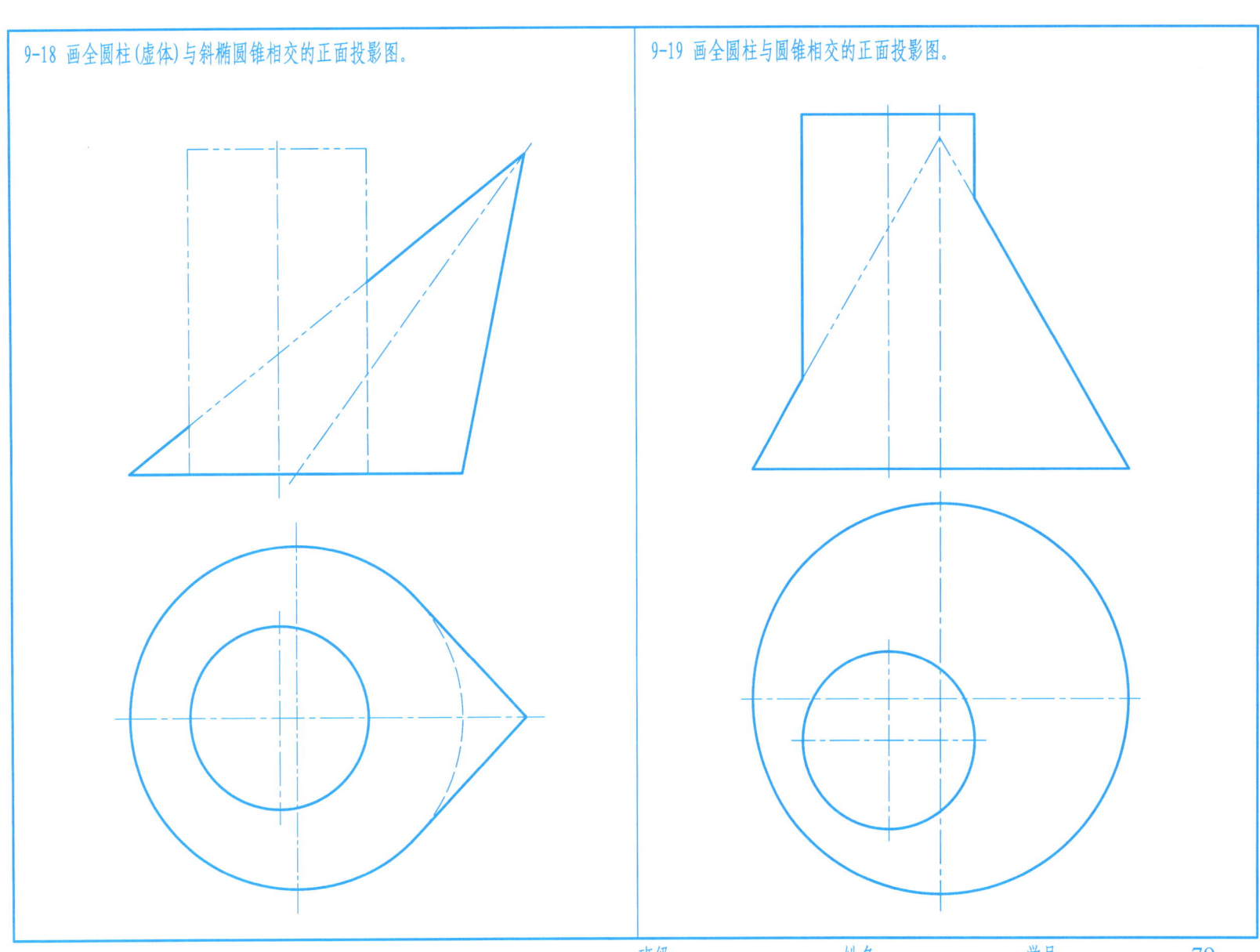

9-20 画全圆锥台与圆柱相交的水平投影图和侧面投影图。

9-21 画全圆柱与圆环相交的正面投影图。

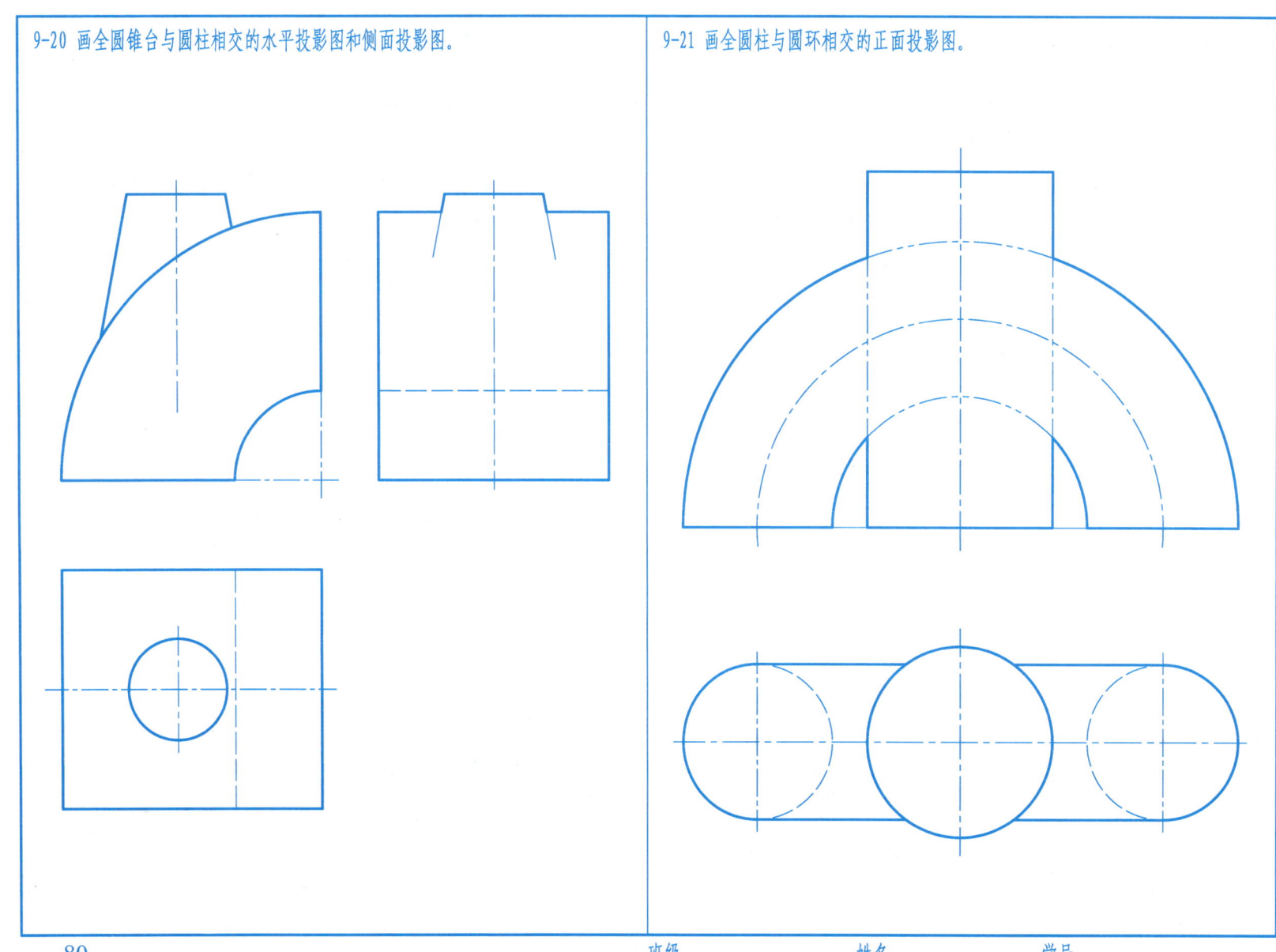

9-22 画全圆柱与圆锥相交的两面投影图。

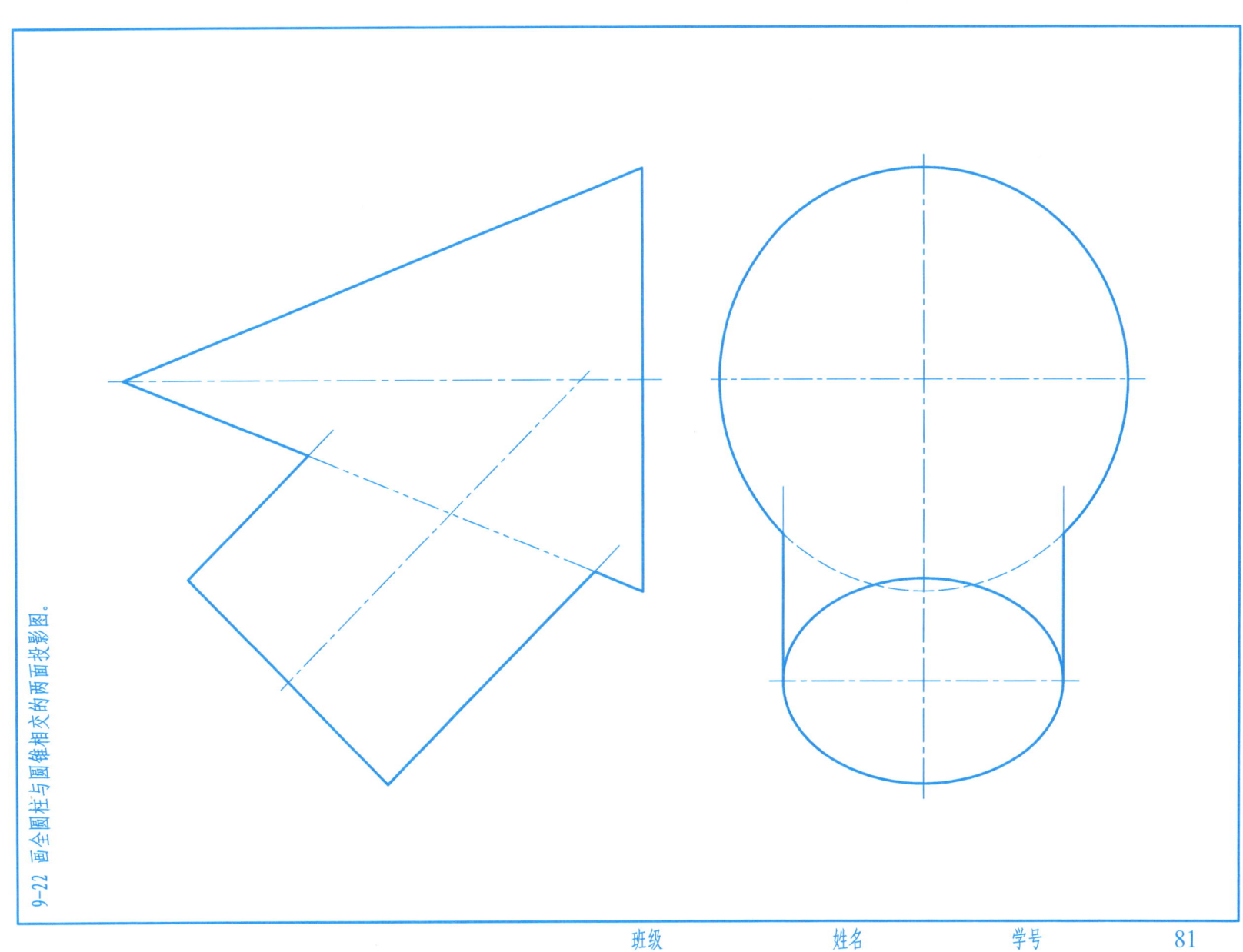

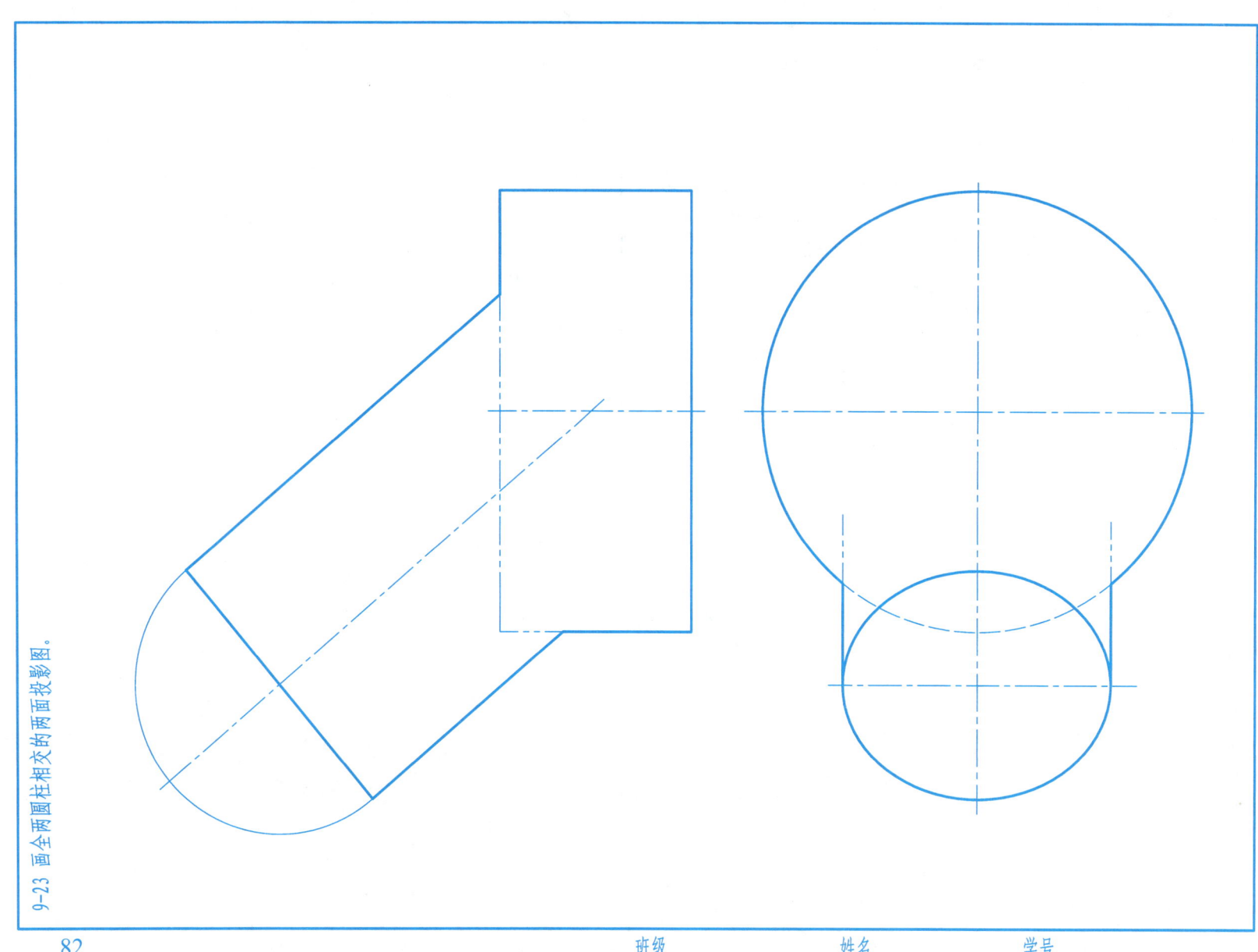

9-23 画全两圆柱相交的两面投影图。

82

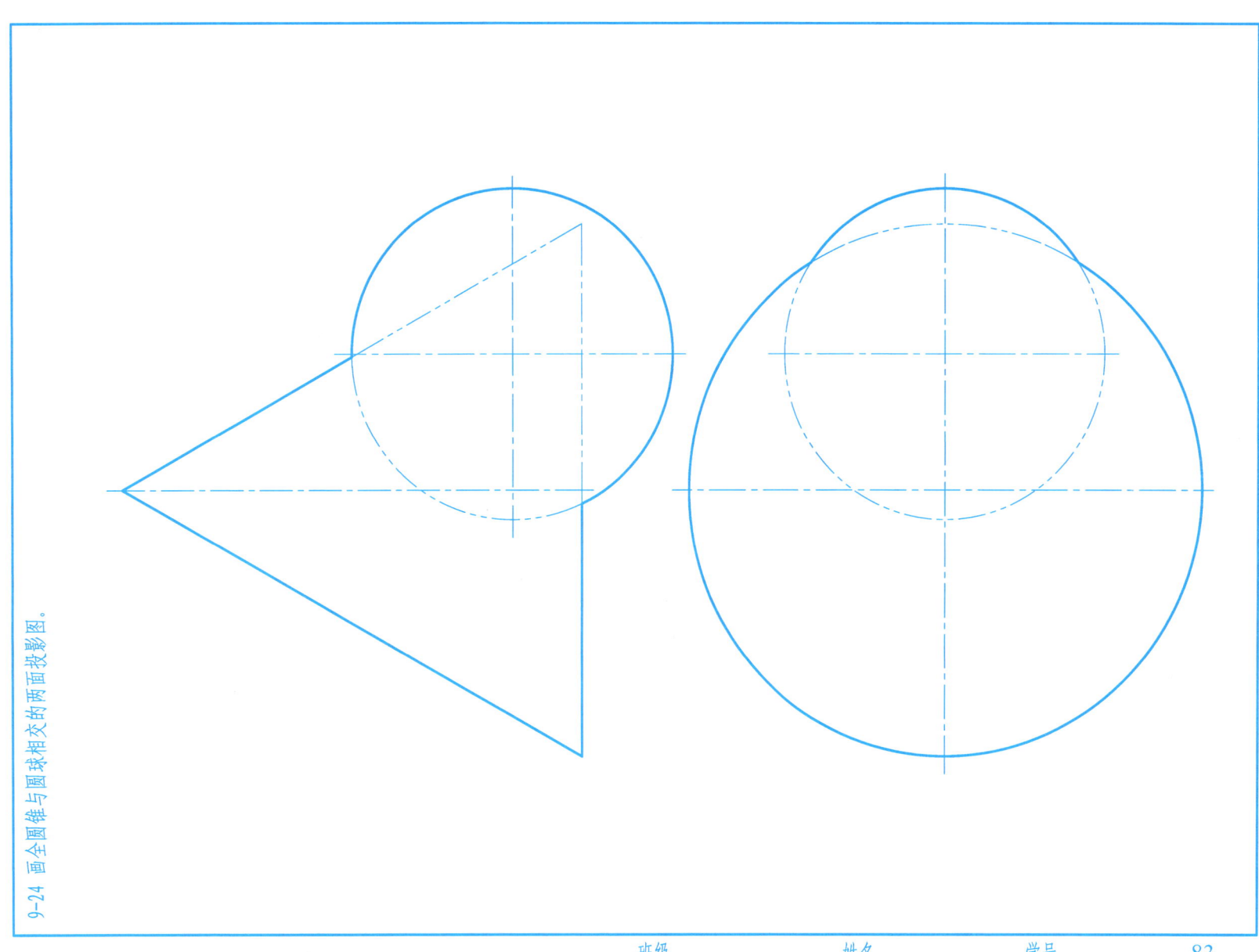

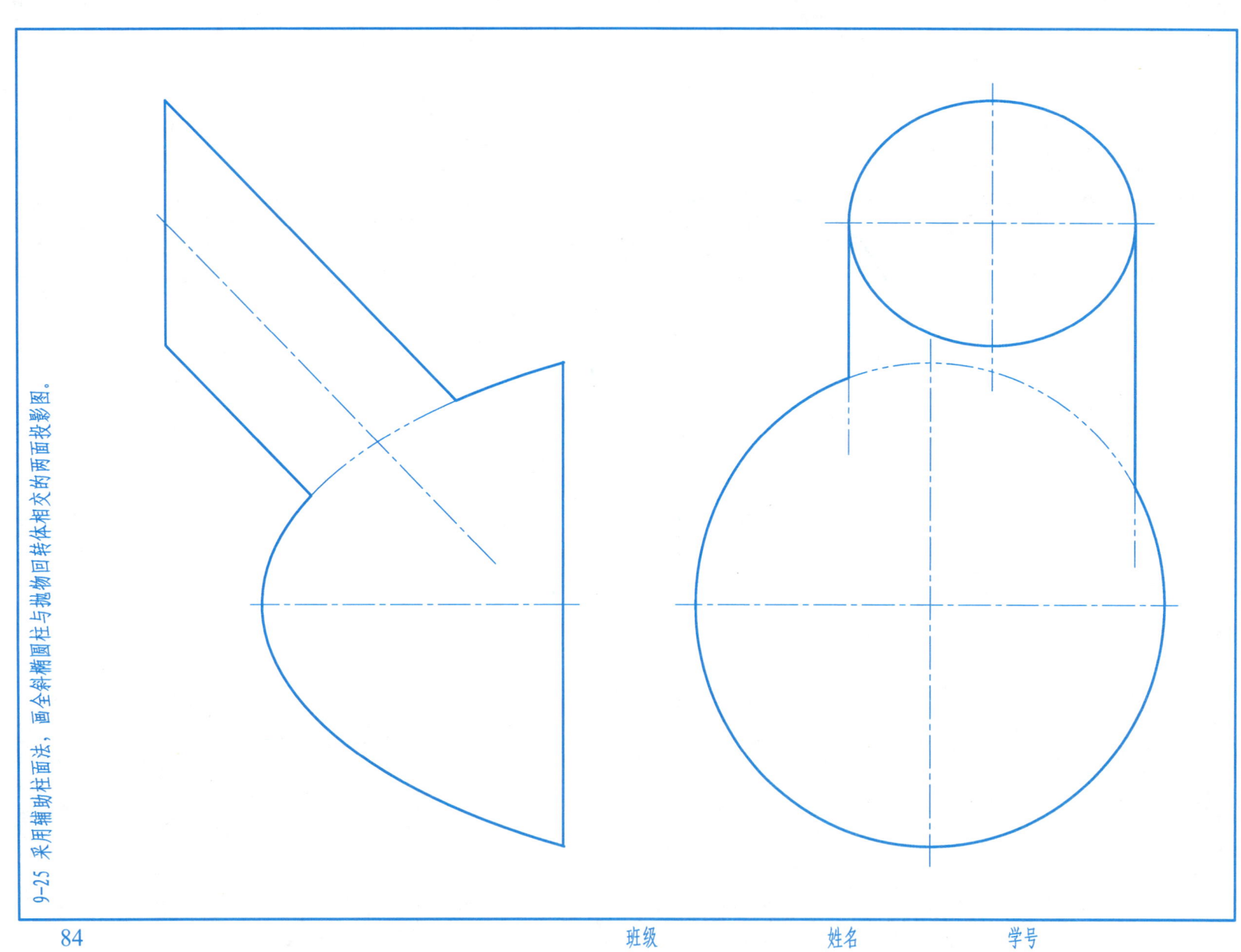

9-25 采用辅助柱面法，画全斜椭圆柱与抛物回转体相交的两面投影图。

9-26 完成正面投影图。

9-27 画出圆柱开槽后的正面投影图。

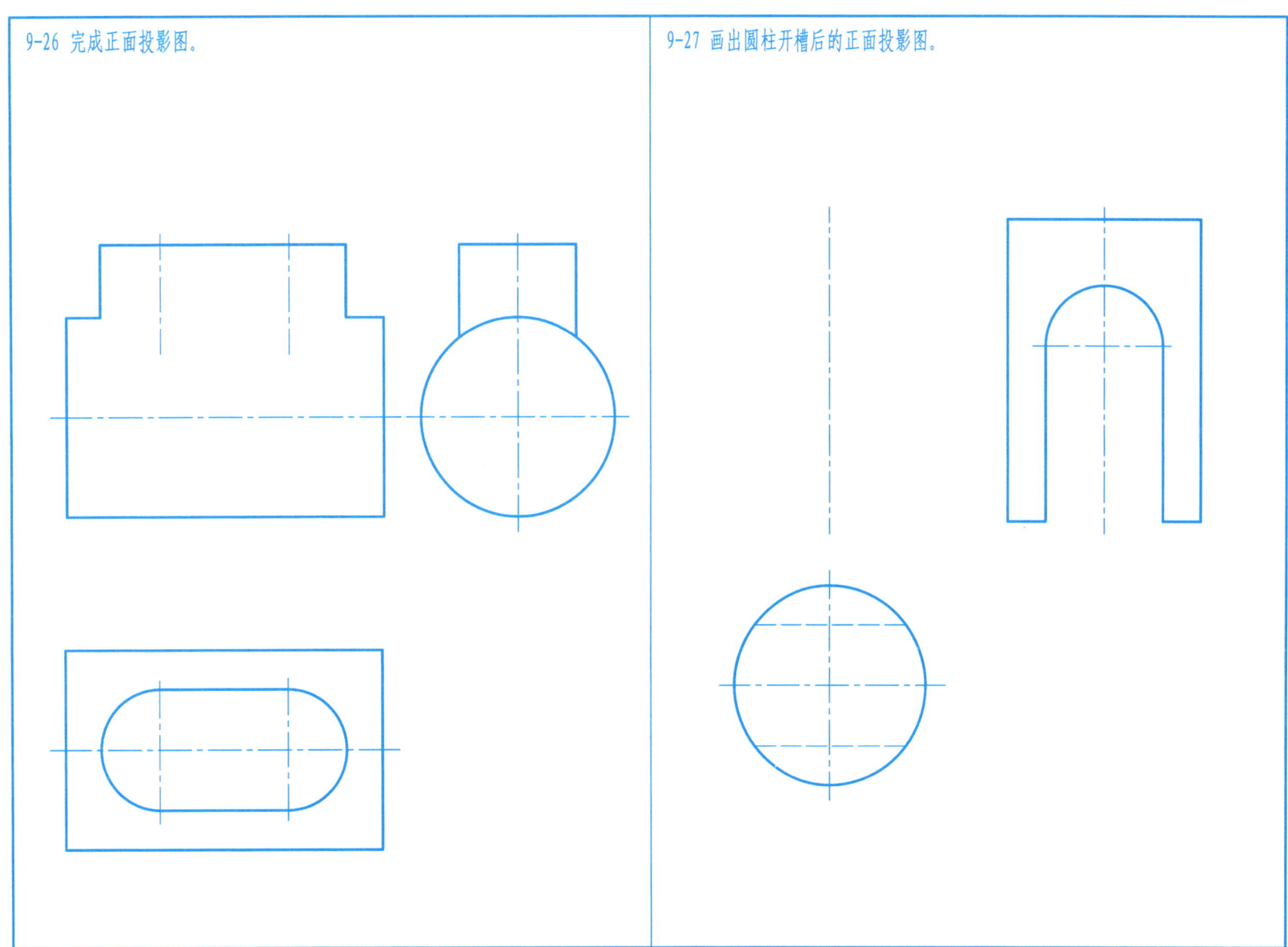

班级　　　姓名　　　学号

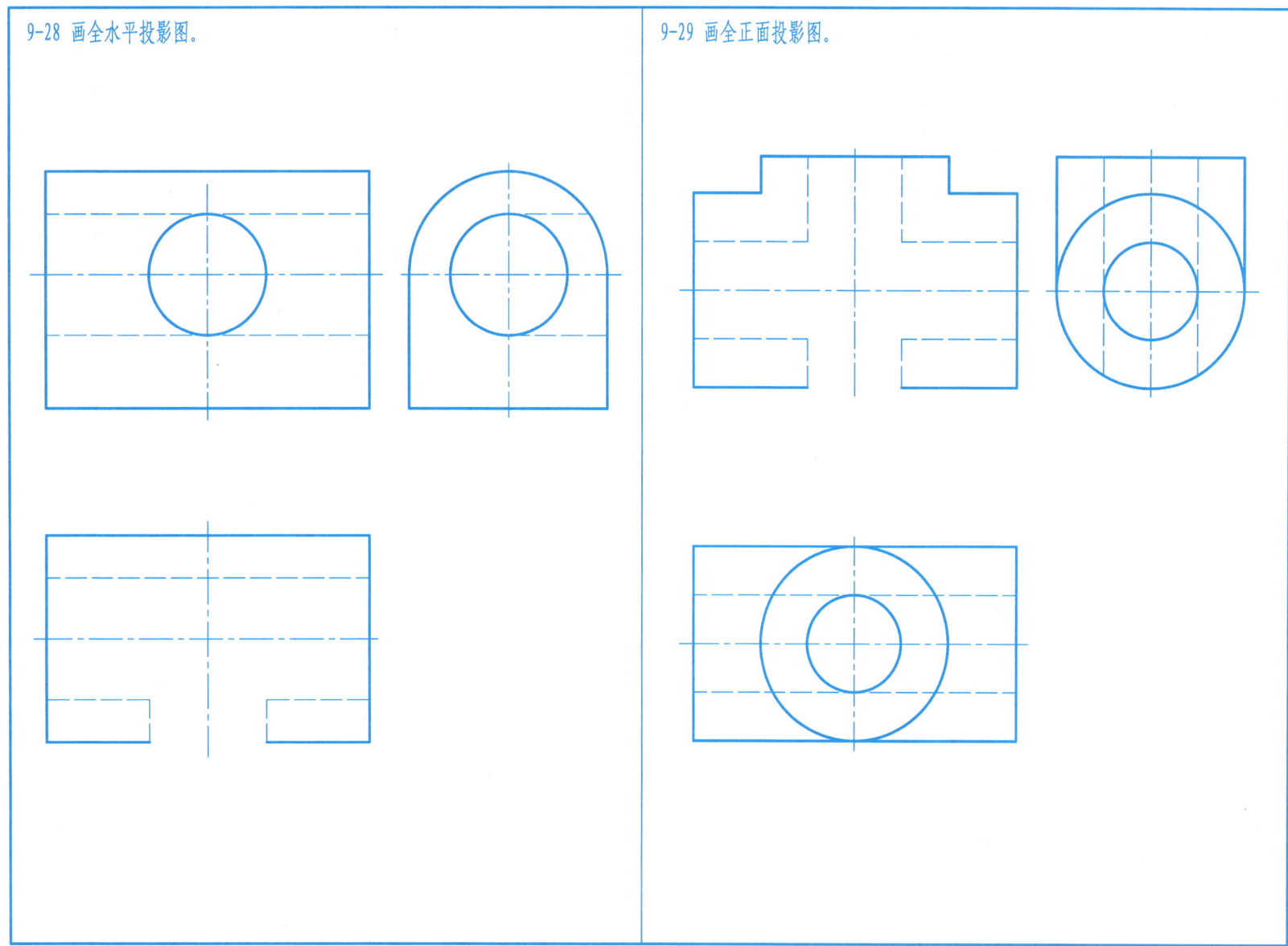

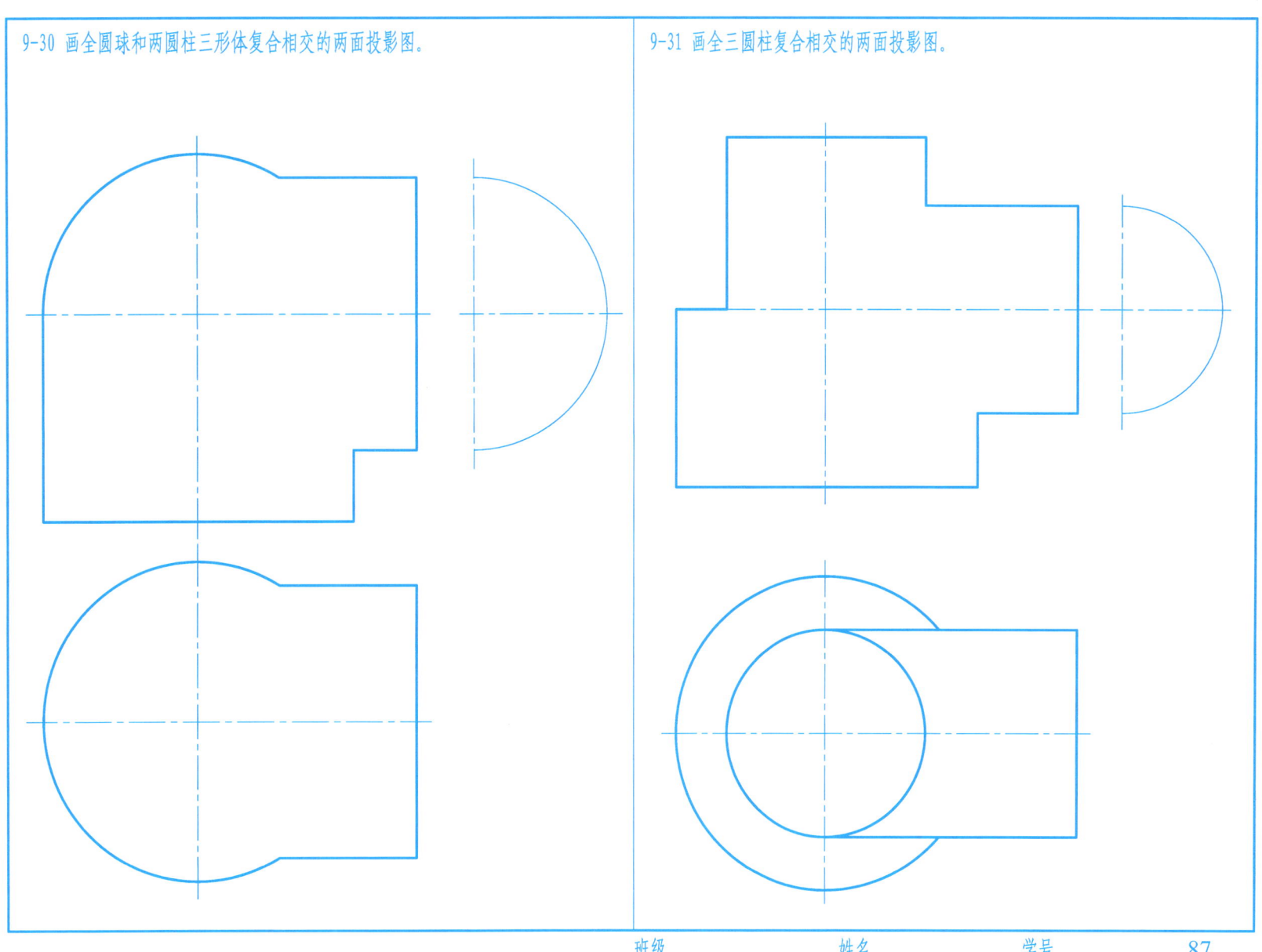

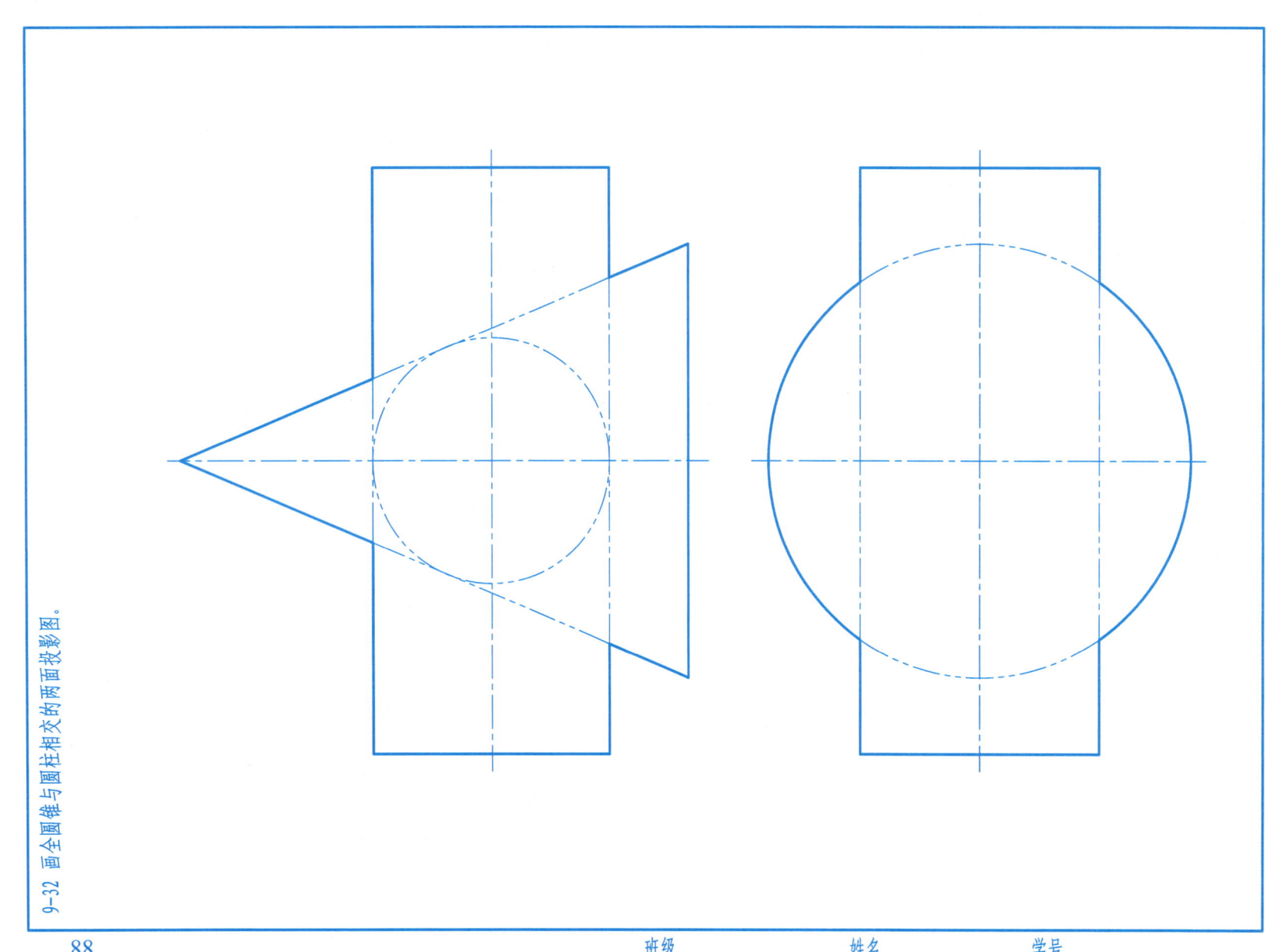

9-32 画全圆锥与圆柱相交的两面投影图。

9-33 求作两圆柱的相贯线的正面投影和侧面投影。

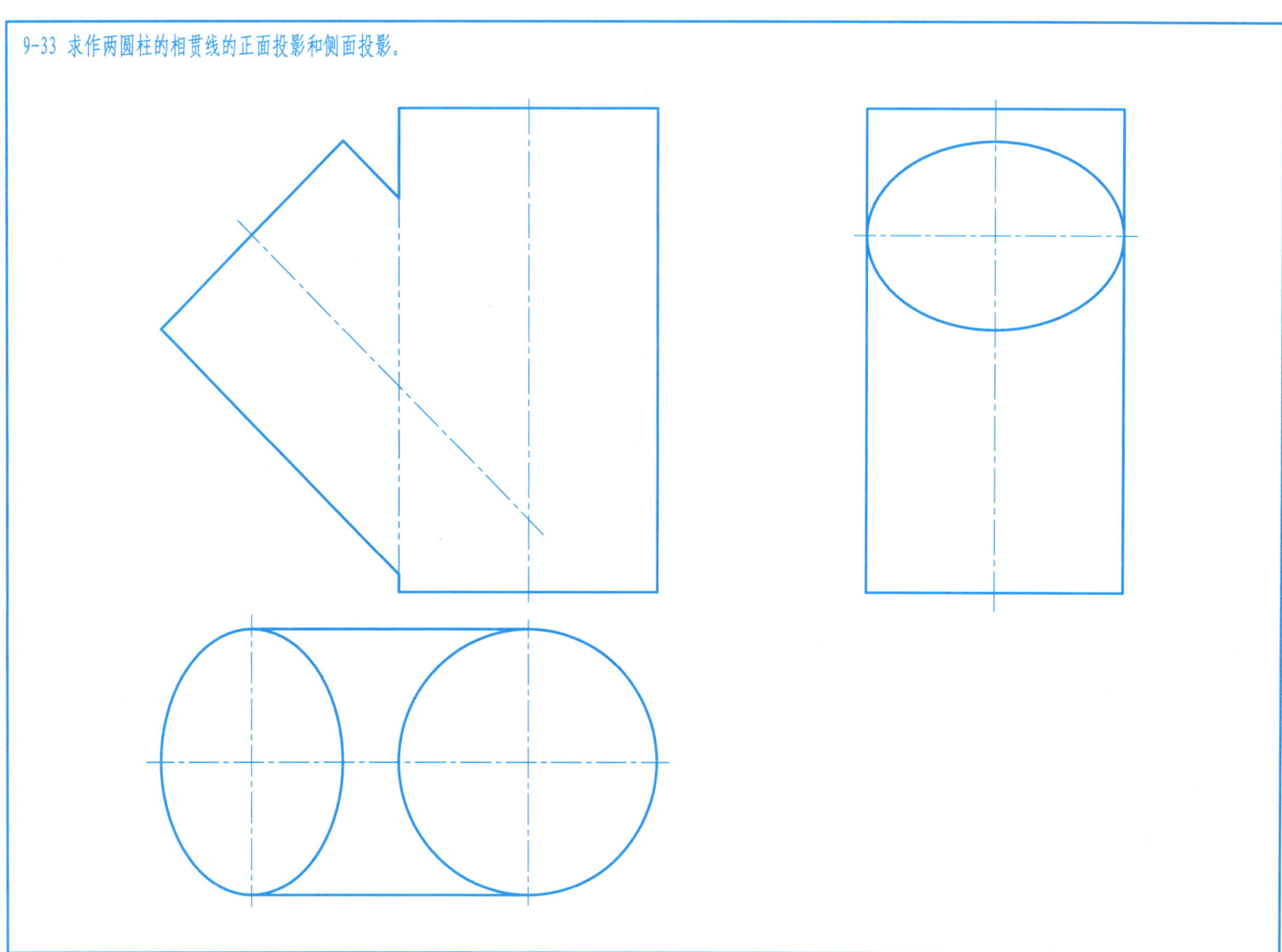

9-34 补画管接头内、外表面的相贯线的两面投影。

第十章 曲 线

10-1 求作曲线段 AB 的实长。

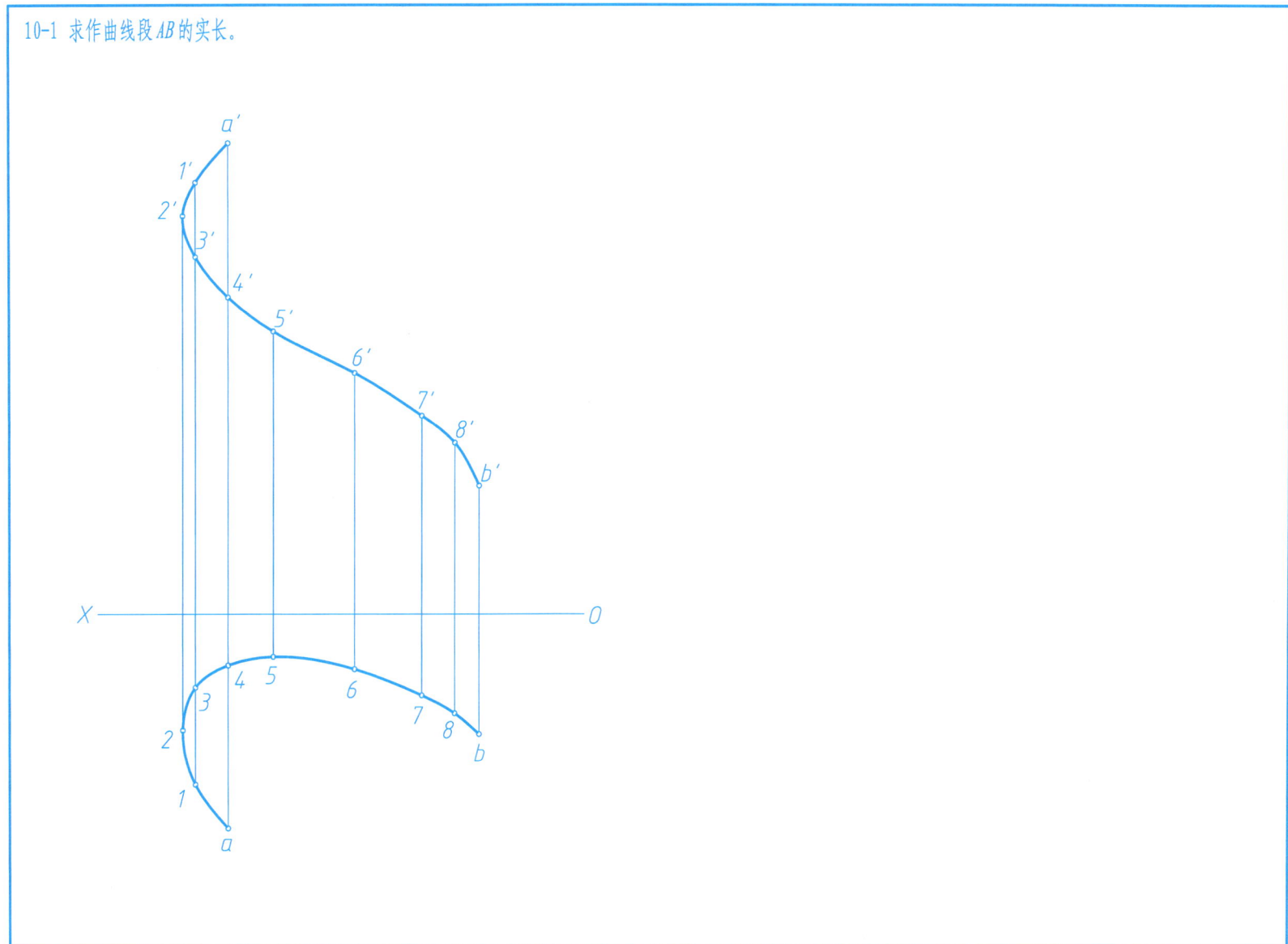

10-2 已知一圆属于正垂面 P，并知其圆心 C，直径为 40 mm，求作该圆的三面投影图。

10-3 在圆柱面上作导程为 30 mm 的左旋螺旋线，画出该螺旋线的展开图，标出螺旋线的总长及升角的大小。

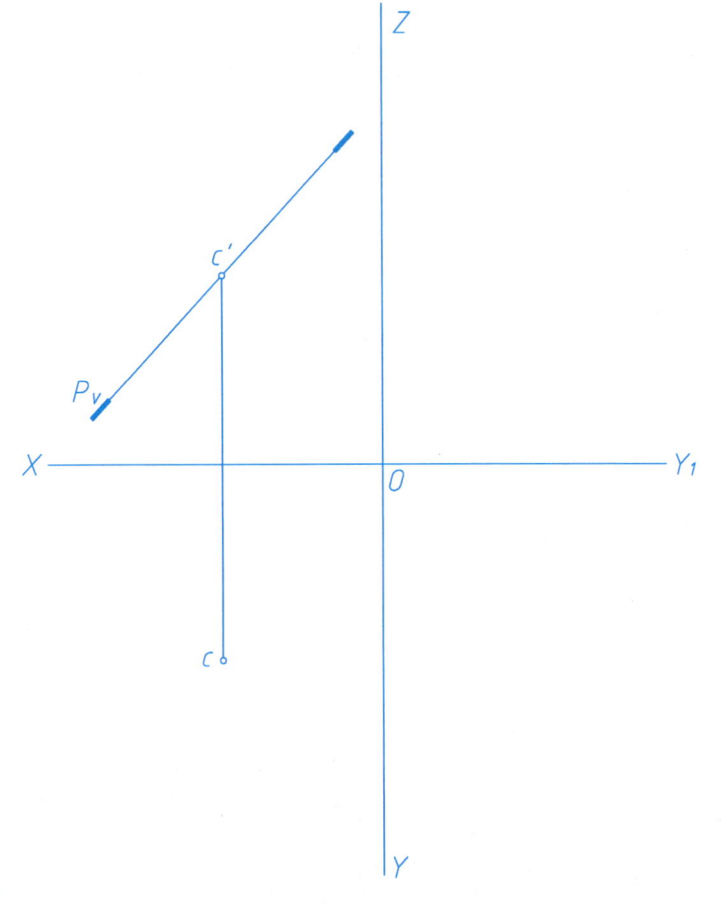

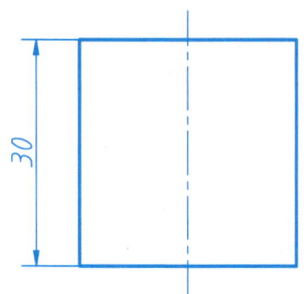

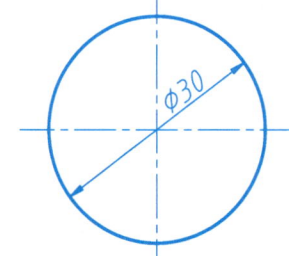

螺旋线的总长：_____

升角的大小：_____

第十一章 曲 面

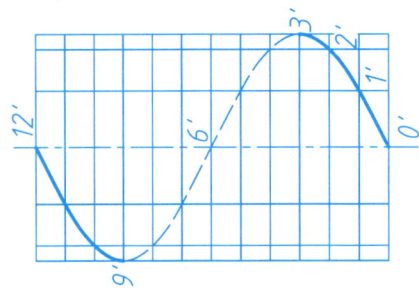
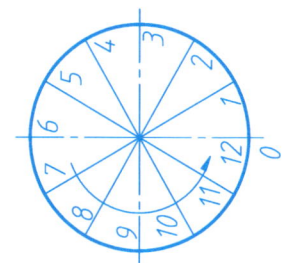

11-1 过图中所示的螺旋线（右旋，导程为48 mm），作一渐开线螺旋面。

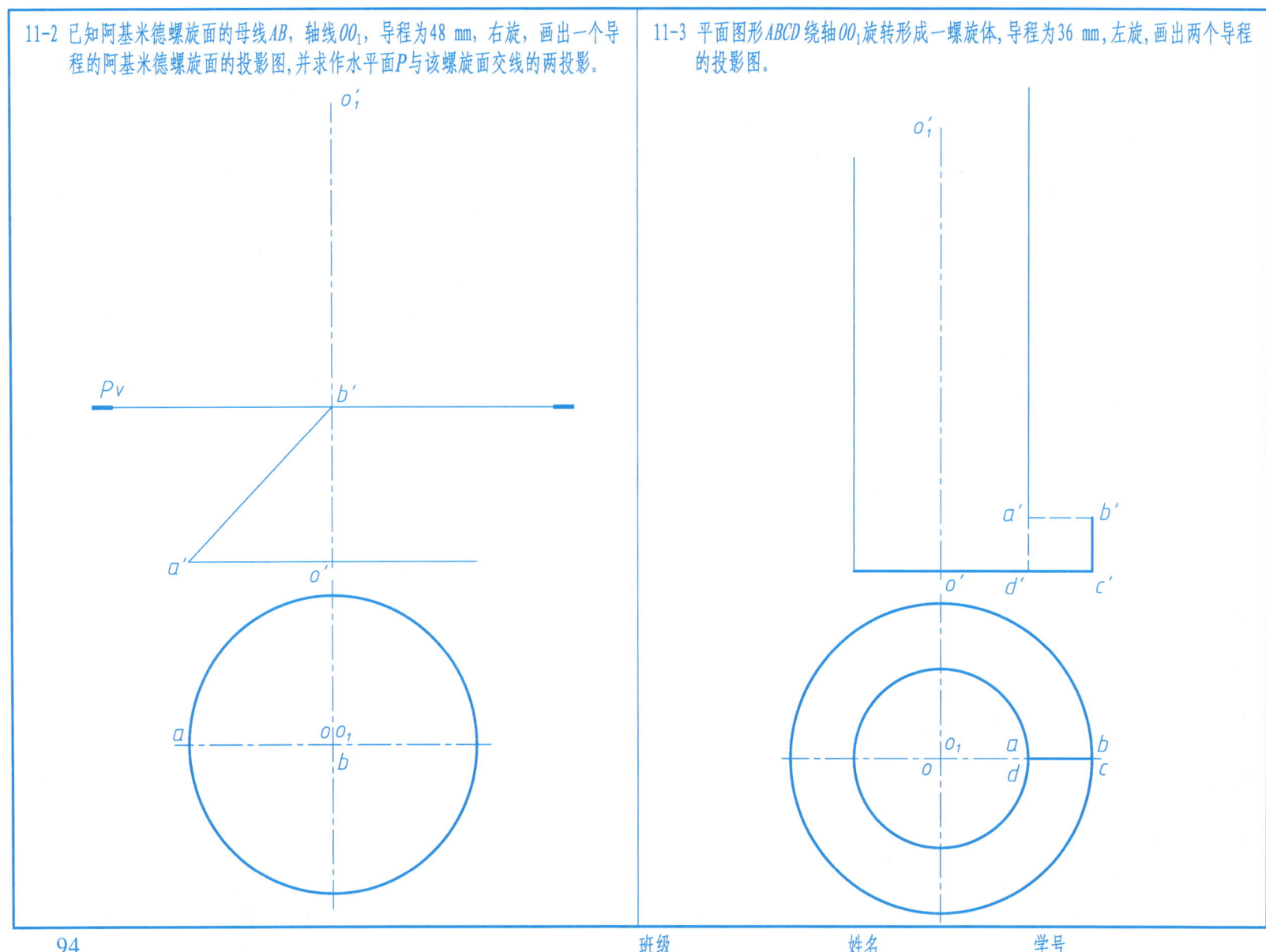

11-4 过点A作圆球面的切平面,并说明有几解。

11-5 过点A作平面与圆锥面相切。

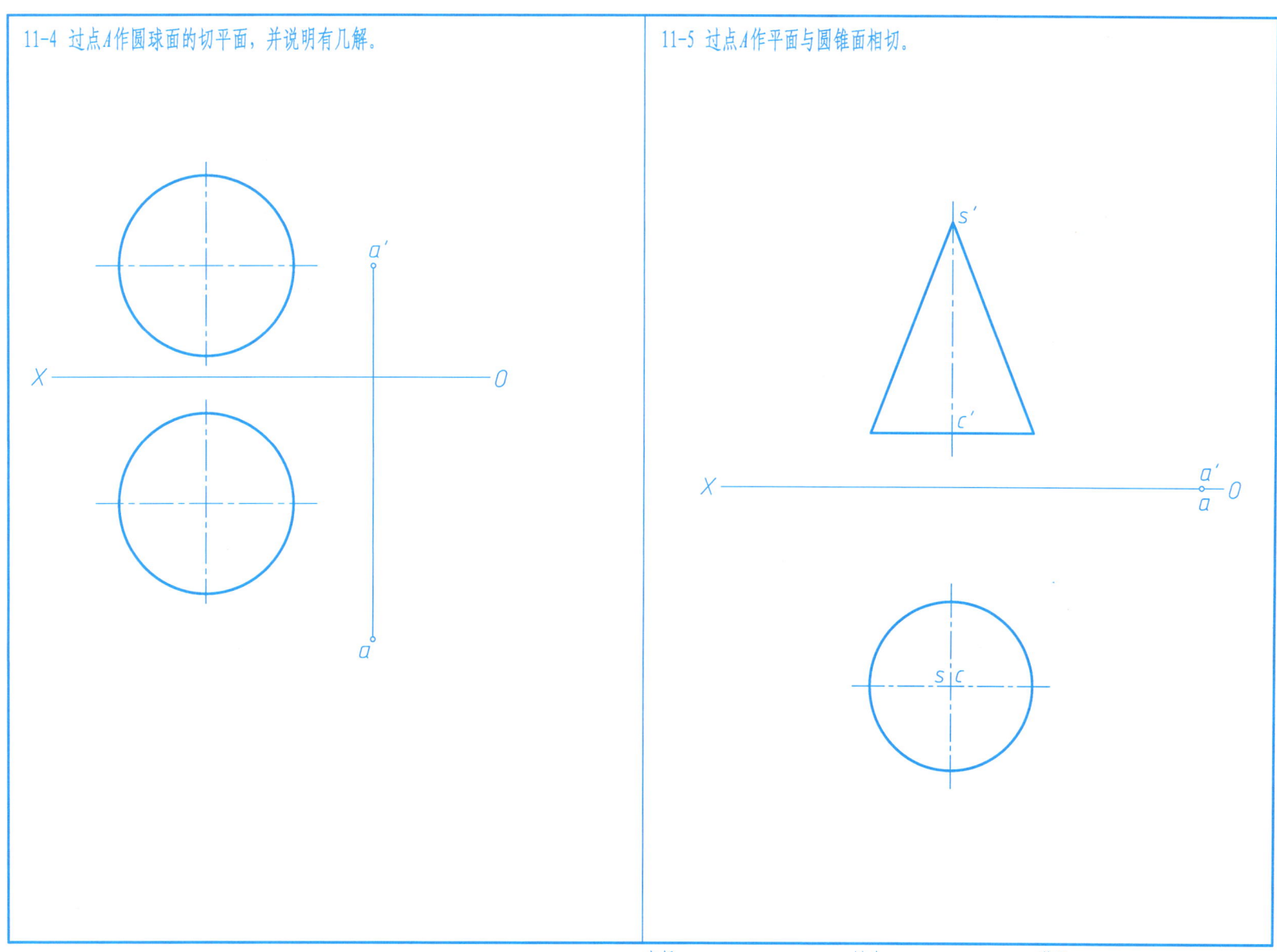

第十二章 立体的表面展开

12-1 求作带切口三棱锥表面的展开图（首先作出切口的水平投影）。

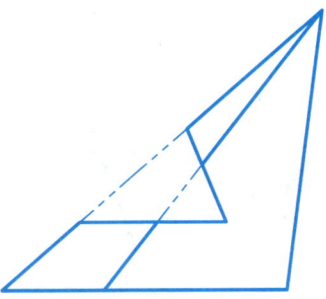

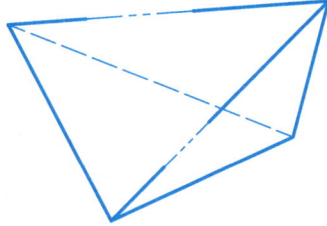

12-2 求作漏斗表面的展开图。

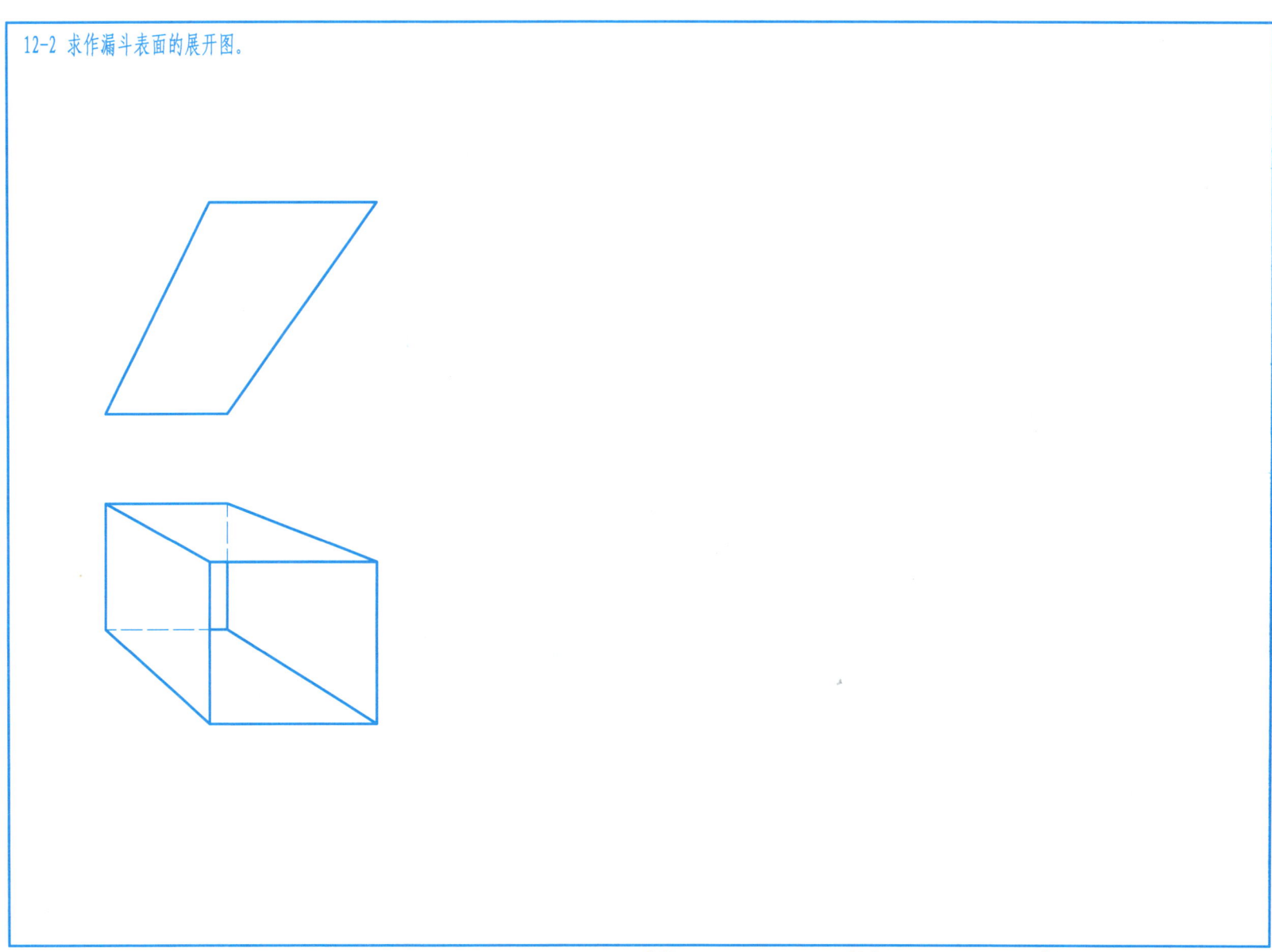

12-3 求作带切口圆柱面的展开图。

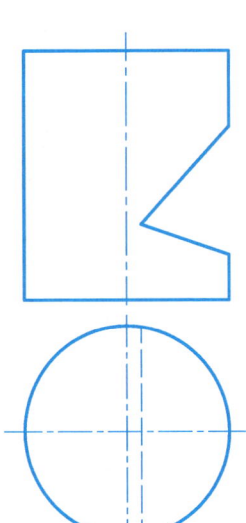

12-4 求作截头斜椭圆锥锥面的展开图。

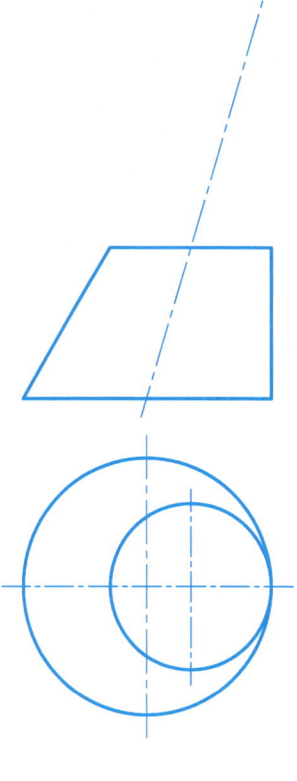

12-5 求作轴线斜交两圆柱的相贯线,并分别画出两圆柱面的展开图。

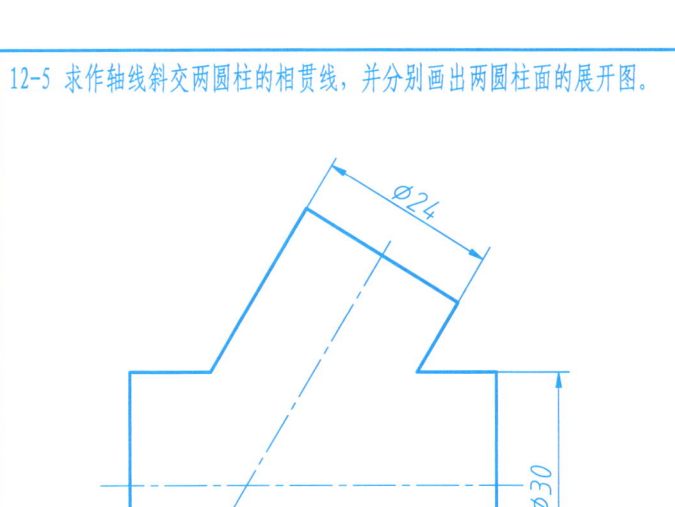

12-6 求作变形接头表面的展开图。

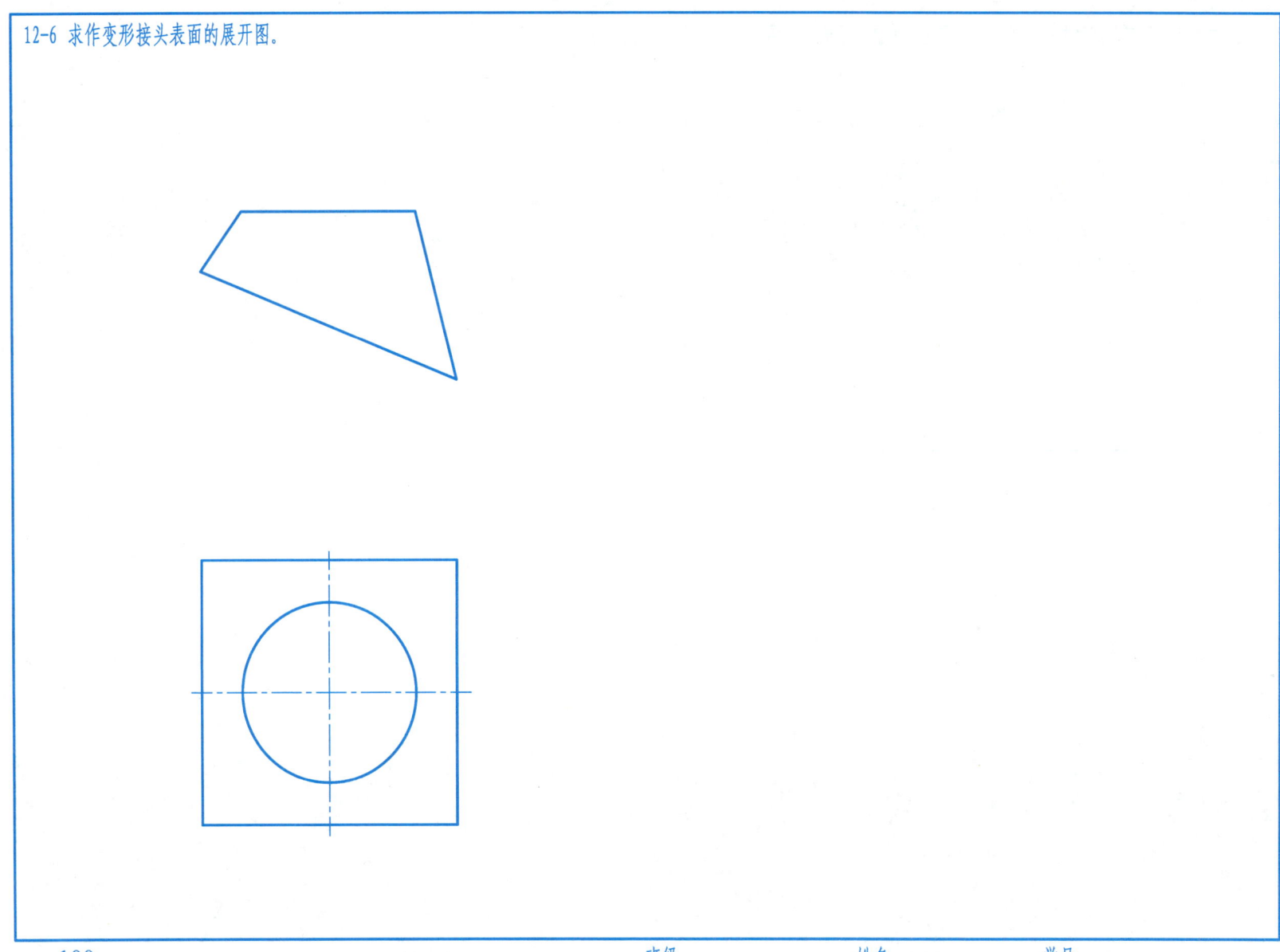

100

第十三章 轴测投影

13-1 已知点 A 的坐标为 (30, 40, 50)，画其正等轴测图。

13-2 已知 △ABC 的两面投影，画其正等轴测图。

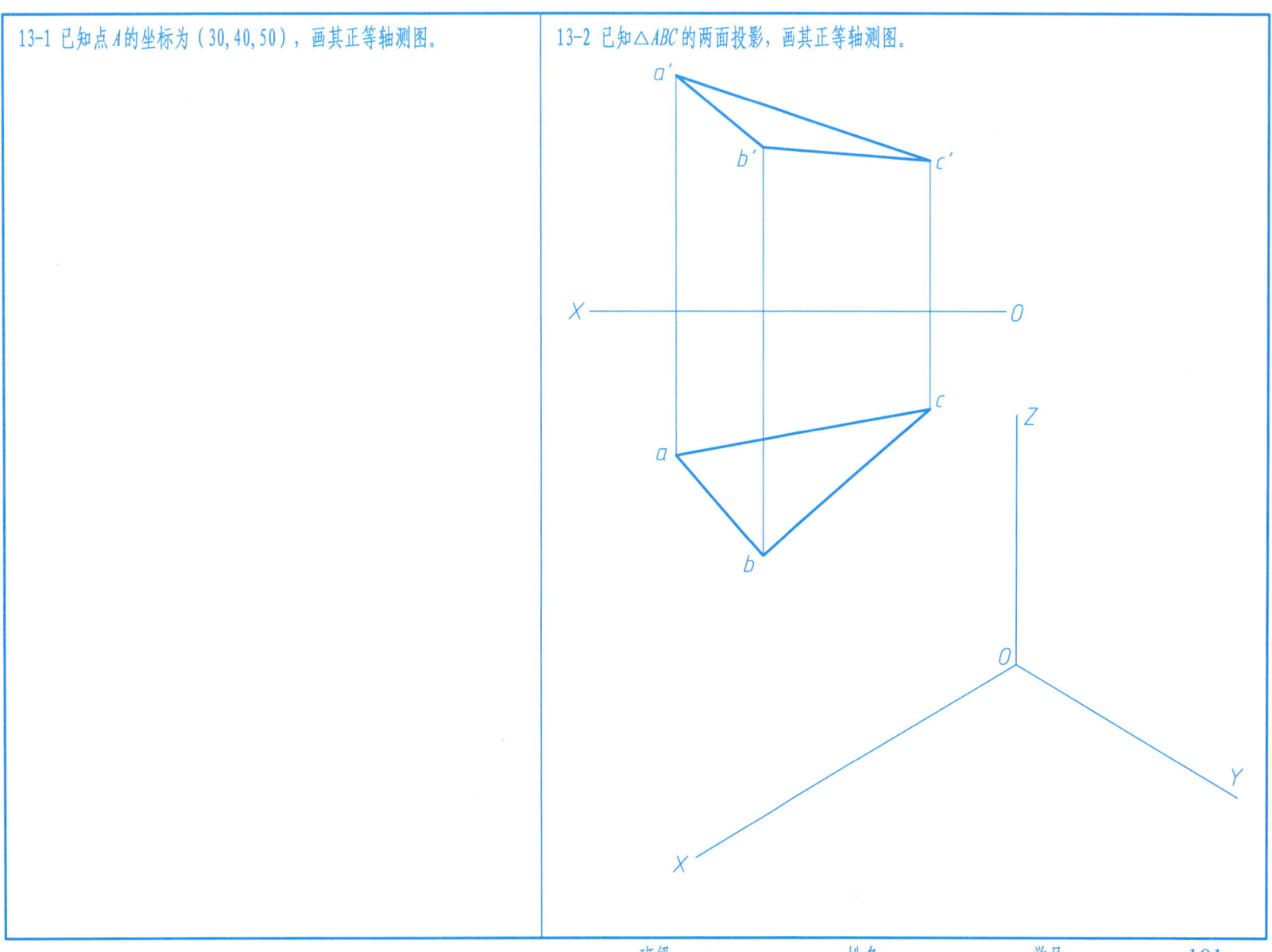

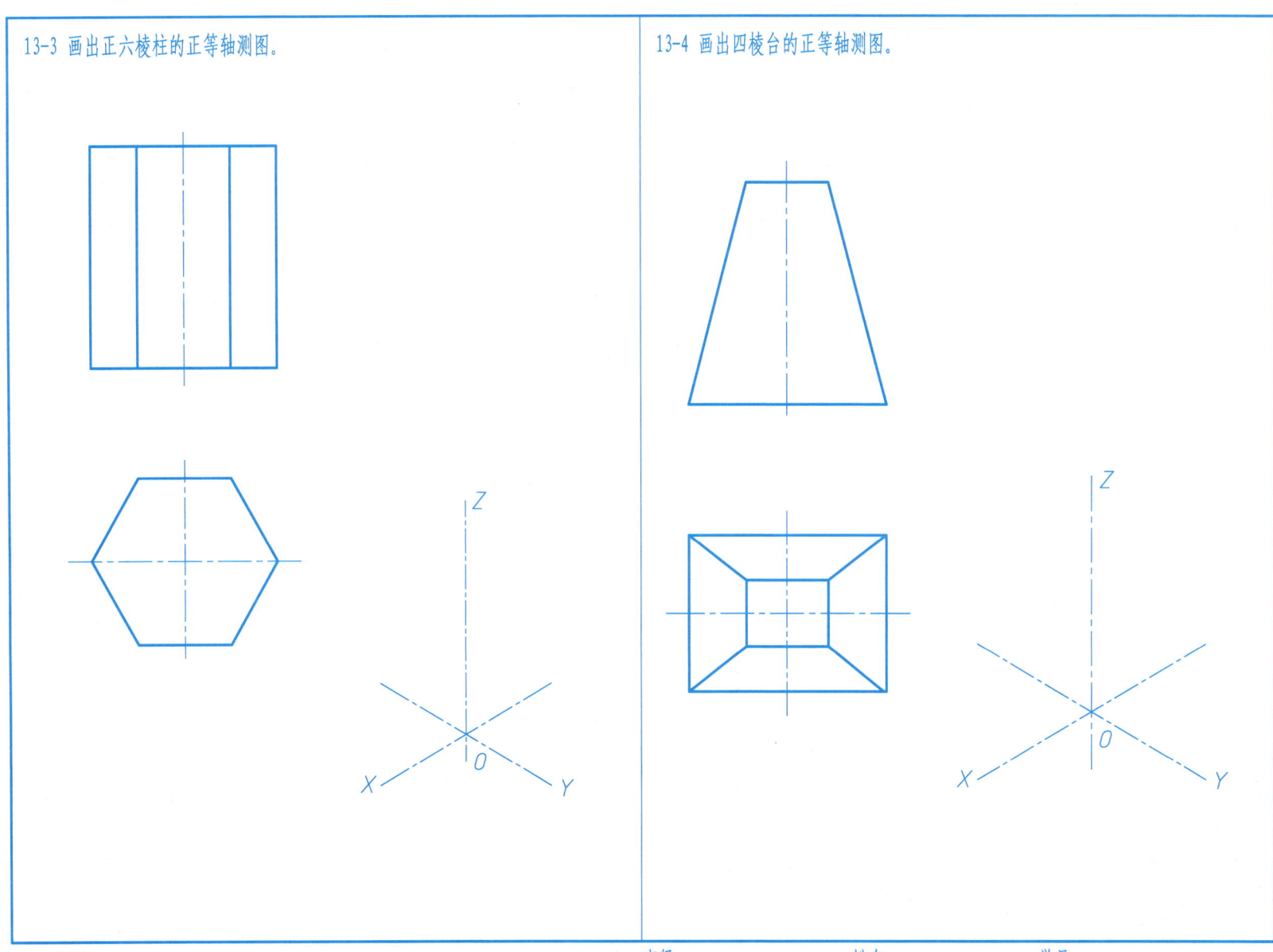

13-5 已知三个正圆柱的顶圆分别位于 XOY、XOZ、YOZ 坐标面上,圆柱的直径为 20 mm,高为 30 mm,图中已给出三个顶圆圆心的正等轴测图 A、B、C,画出这三个圆柱的正等轴测图。

13-6 画出圆锥台的正等轴测图。

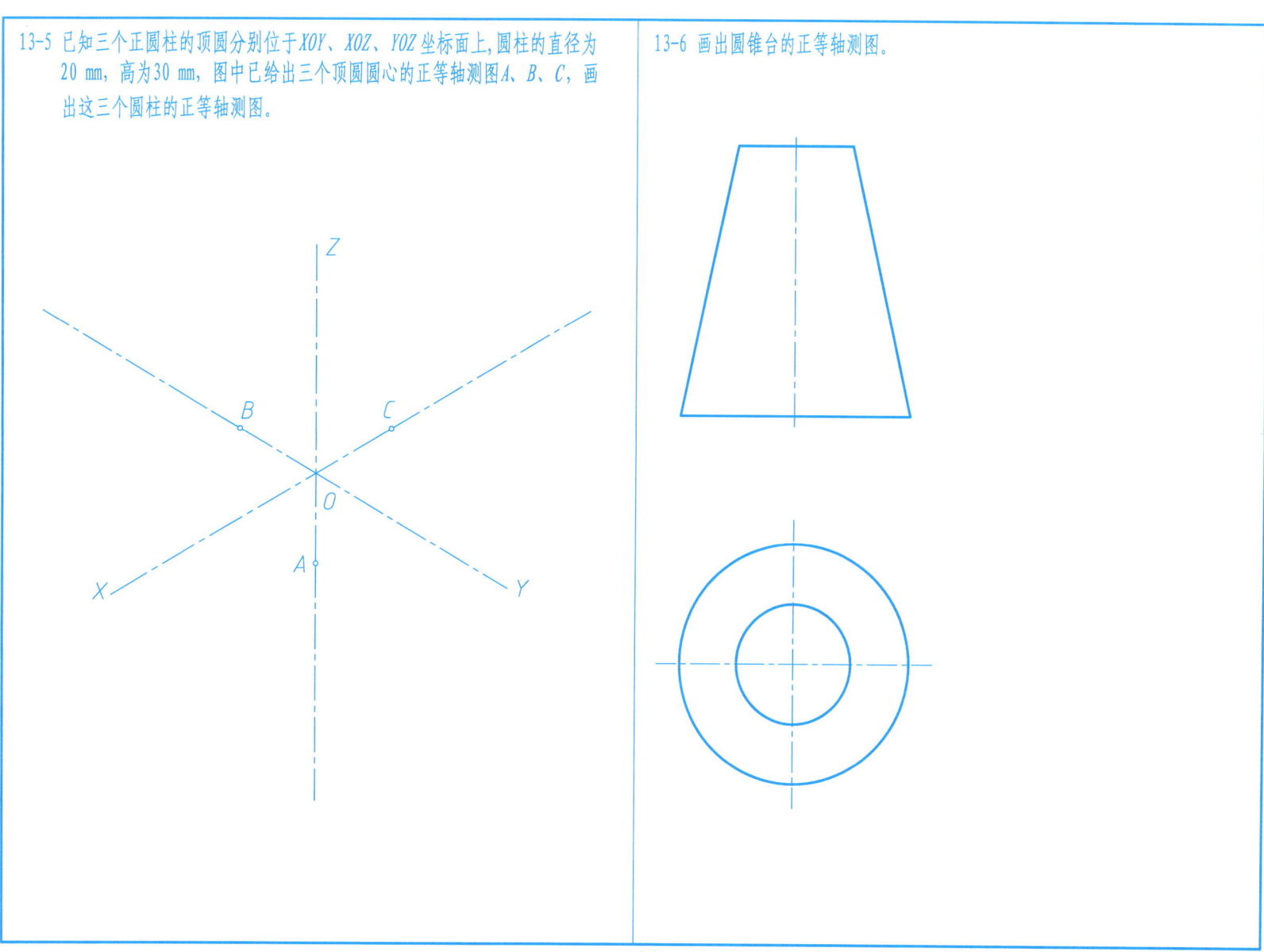

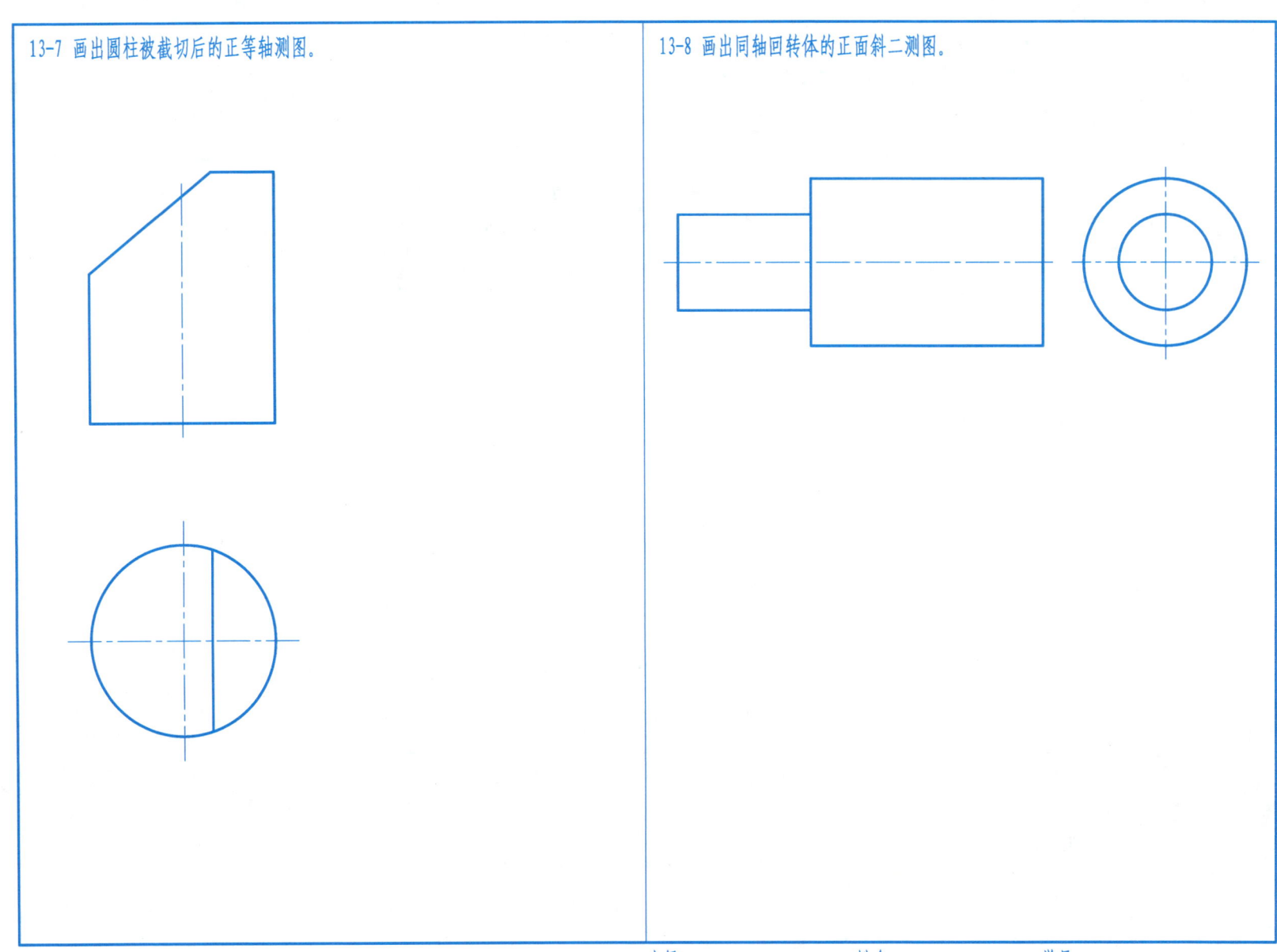

13-9 画出轴线正交的两圆柱的正等轴测图。

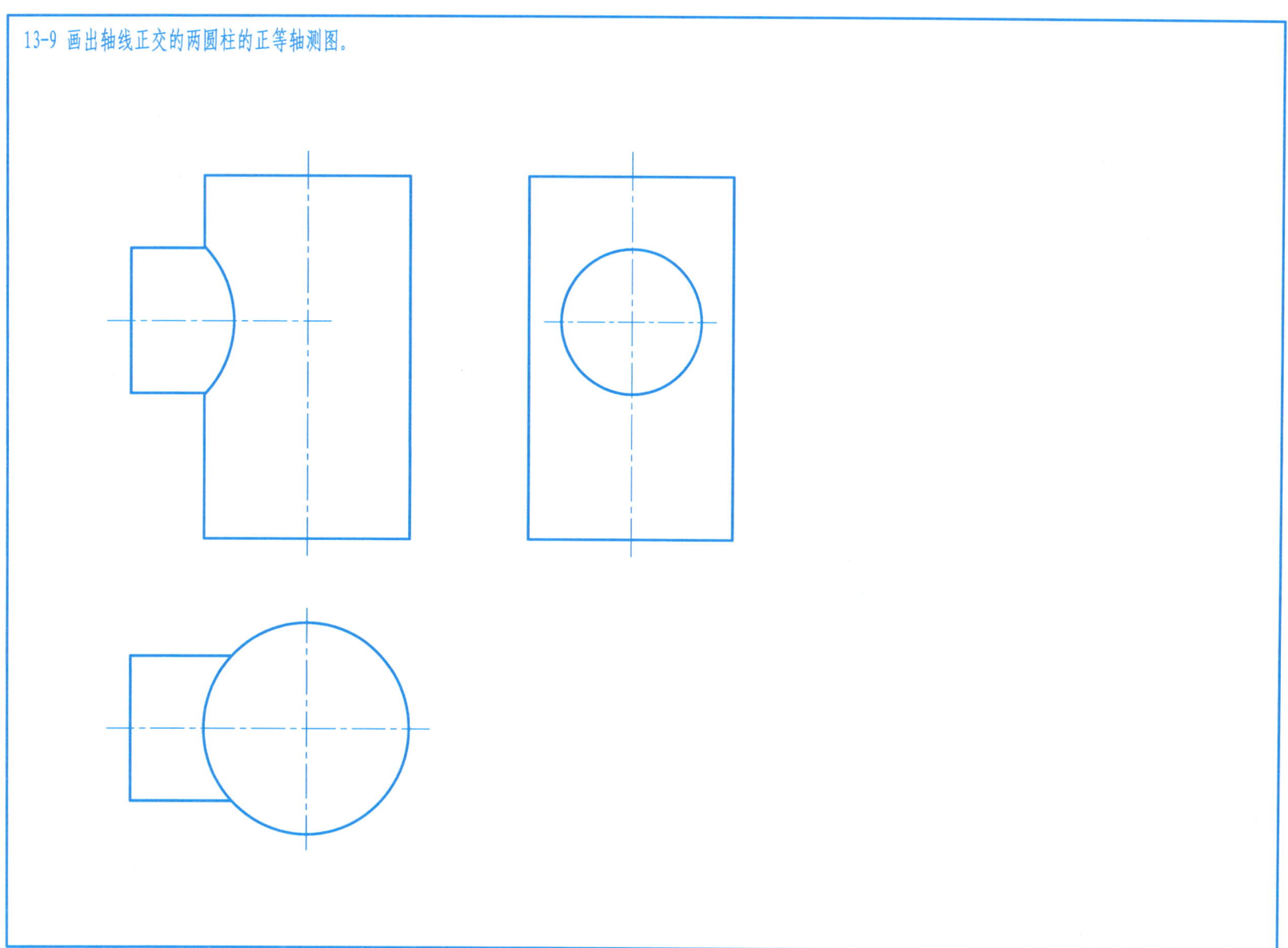

第十四章 透视投影

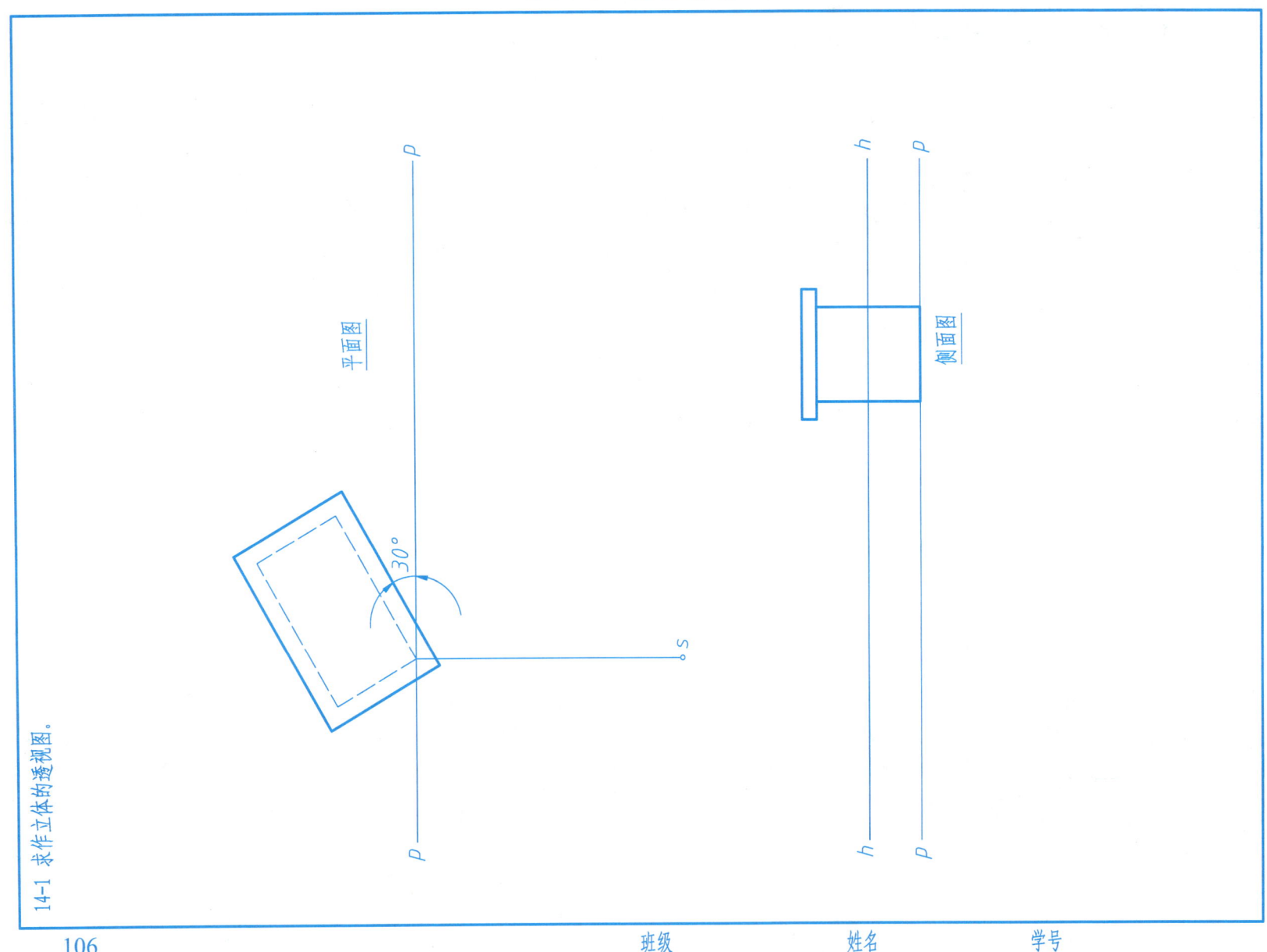

复习测验题

1. 判断点 S 和点 K 是否分别属于直线 AB 和 CD。

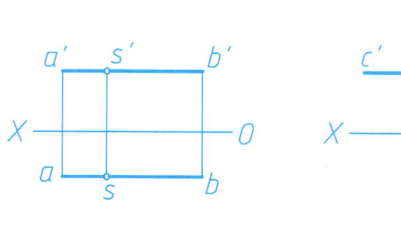

(1) _____

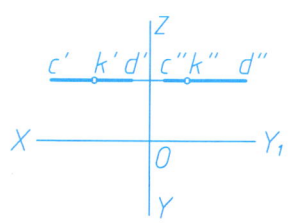

(2) _____

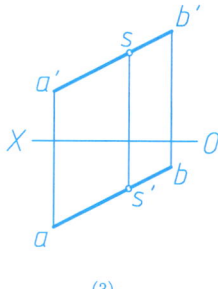

(3) _____

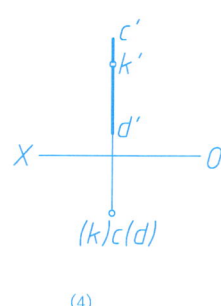

(4) _____

2. 判断箭头所指线段的投影或作图线，是否反映该线段的实长。

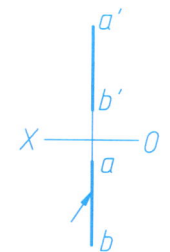

(1) _____

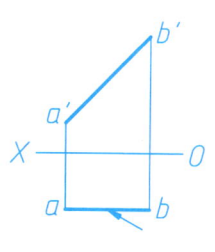

(2) _____

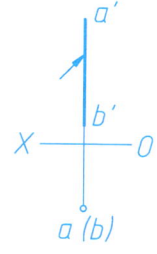

(3) _____

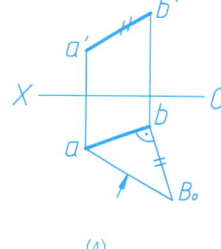

(4) _____

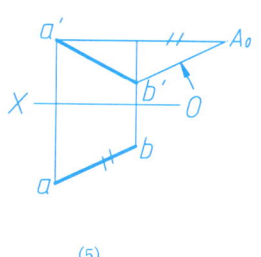

(5) _____

3. 判断图中所指角度是直线与哪个投影面之间的夹角（用 α、β、γ 表示）。

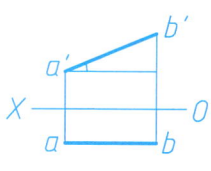

(1) _____

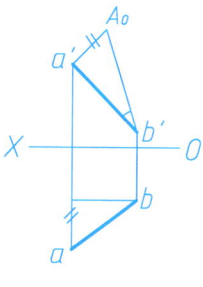

(2) _____

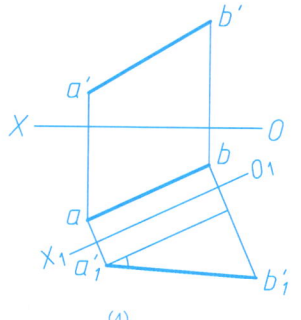

(3) _____ (4) _____

4. 判断三直线AB、CD、AE两两间的相对位置。

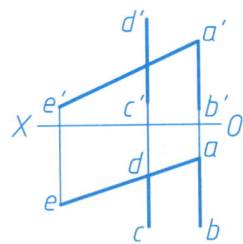
(1) _____

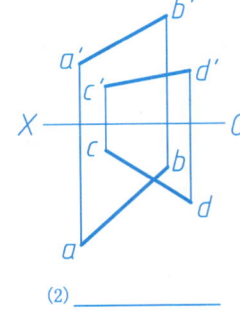
(2) _____

9. 判断以下投影图，是否表示一直角三角形。

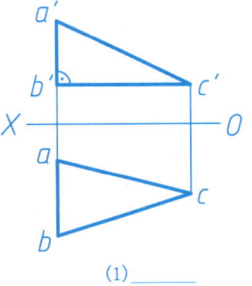
(1) _____

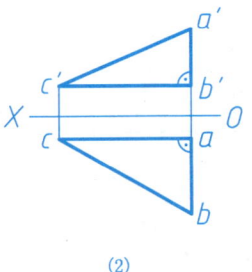
(2) _____

5. 线段BE是否为两平行直线的垂线。

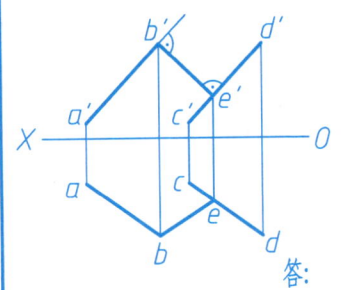
答：____

7. 判断两平面是否垂直。

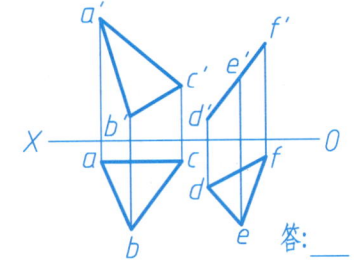
答：____

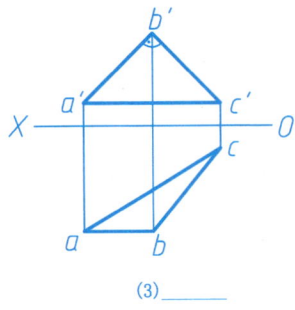
(3) _____

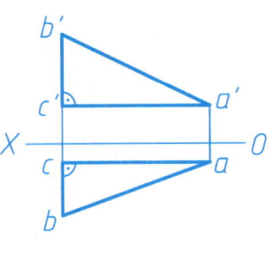
(4) _____

6. 已知平面△EFG，直线AB和CD是否平行于该平面。

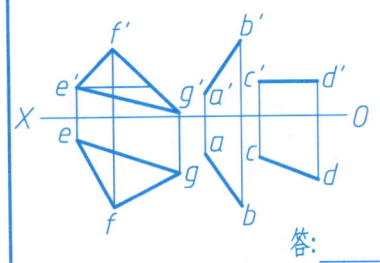
答：____

8. 已知AE为平面△ABC对水平投影面的最大斜度线，图中所示β是否为平面对V面的夹角。

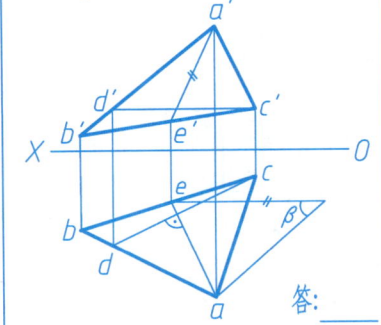
答：____

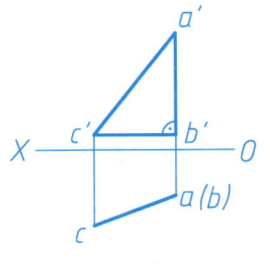
(5) _____

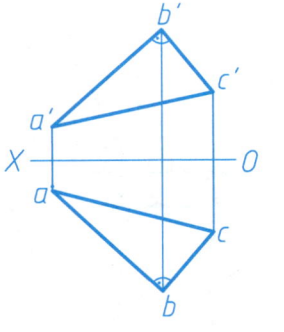
(6) _____

10. 标注重影点。

11. 求直线与平面的交点,并判别可见性。

12. 求直线与平面的交点,并判别可见性。

13. 求平面与平面的交线。

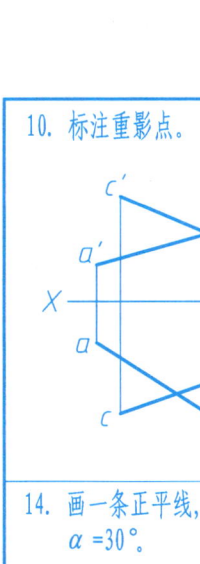
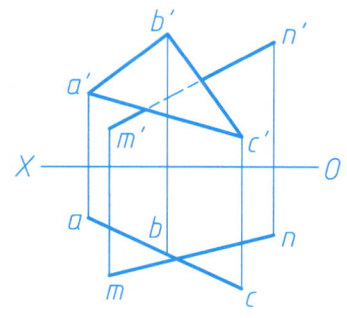
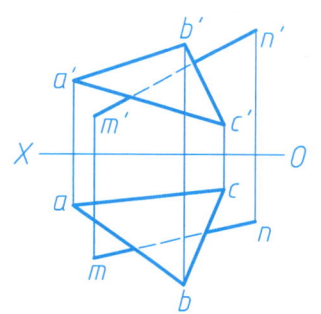
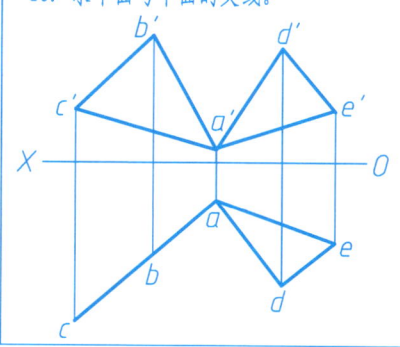

14. 画一条正平线,距V面10 mm,$\alpha = 30°$。

15. 在△ABC上取一条水平线MN,距H面10 mm。

16. 过点K作直线KL垂直于投影面垂直面P。

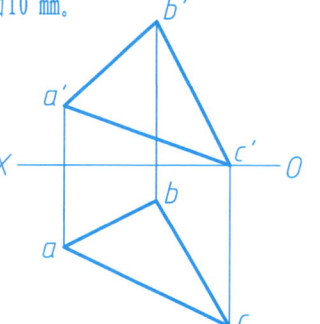
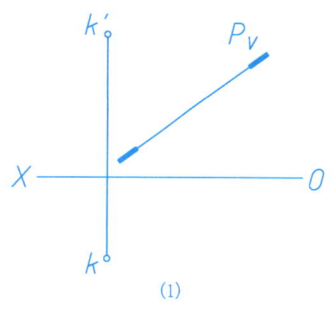
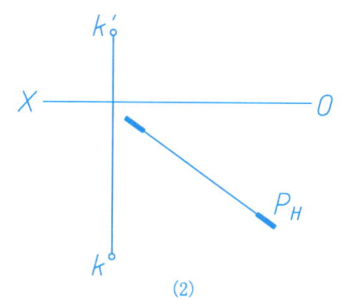

(1)　　　　(2)

17. 过点K作直线KL垂直于平面△ABC。

18. 作直线AB的中垂面。

19. 已知直线AB为某平面对V面的最大斜度线,求作该平面。

20. 已知四边形EFGH中FG为正平线,补全该四边形的水平投影。

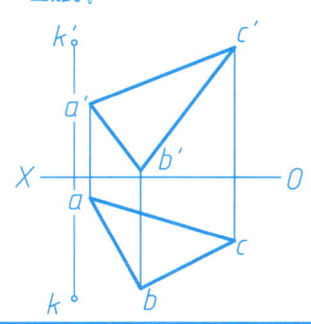
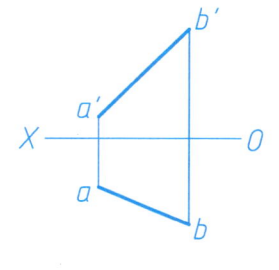
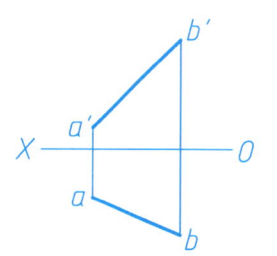
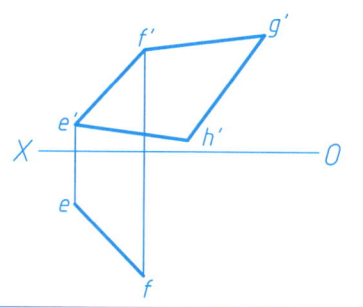

21. 以线段 MN 为底边，作等腰△LMN，其顶点 L 属于正垂面 P，且点 L 与 H 面的距离为 12 mm，画出△LMN 的两面投影。

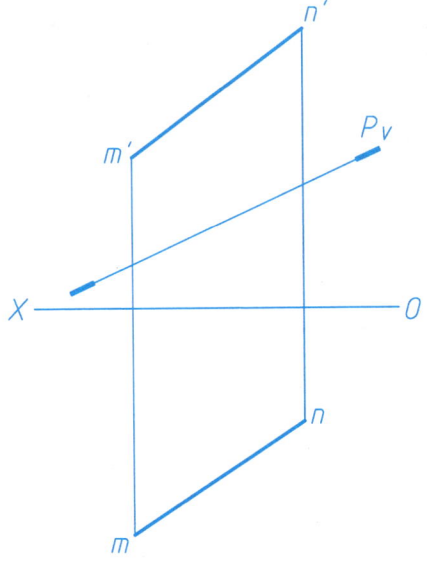

22. 求作一直线 MN，使其与平面△ABC 垂直，且与交叉两直线 DE 及 FG 都相交。

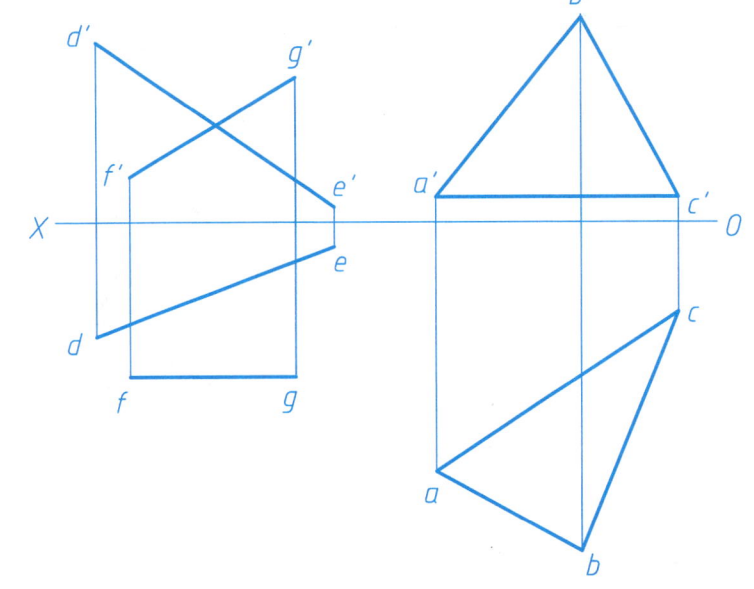

23. 在平面△ABC上求出一点K，使点K与已知点M和N等距离，且点K到H面的距离为10 mm。

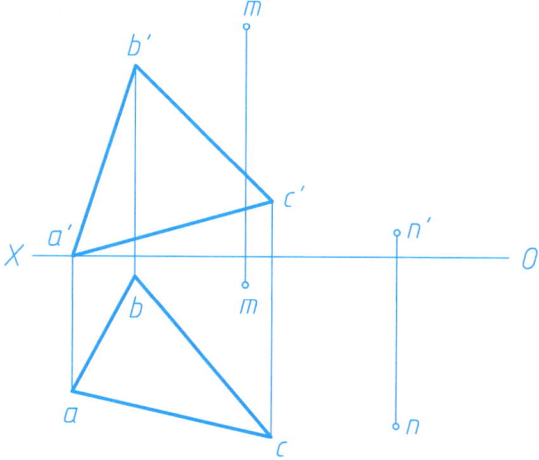

24. 过点K作直线KL，使KL⊥AB、KL⊥CD。

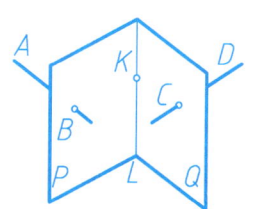

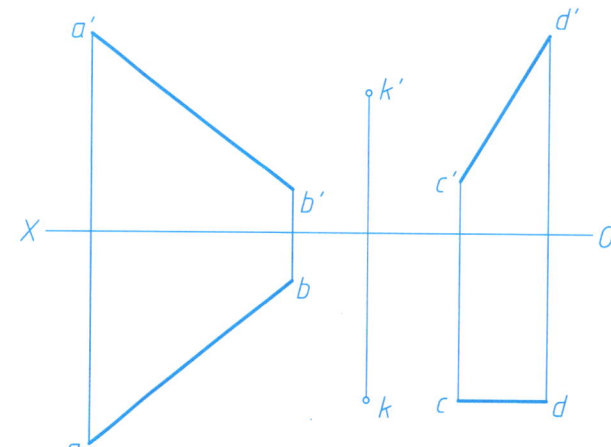

111

25. 求作一直线，使其与直线 AB 正交于中点 C，并与直线 EF 相交。

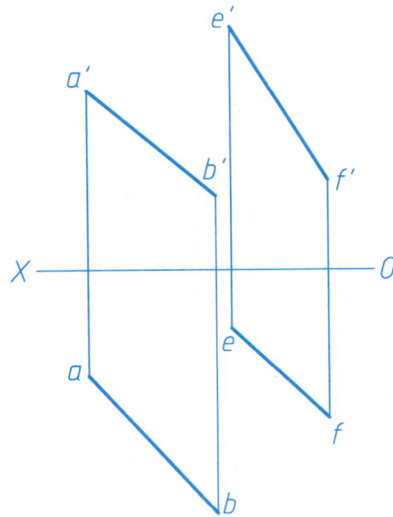

26. 过点 A 作直线，与直线 BC 相交，与直线 MN 的距离为 L。

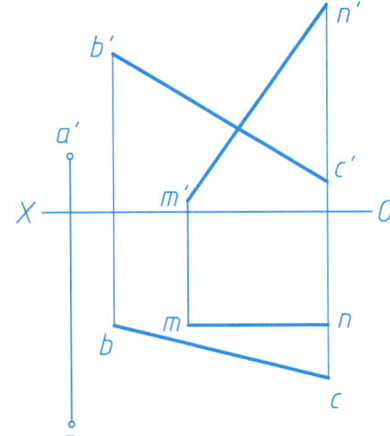

27. 已知线段AB//CD，且相距为定长L，用换面法求c'd'。本题有几个解答，请全部画出来。

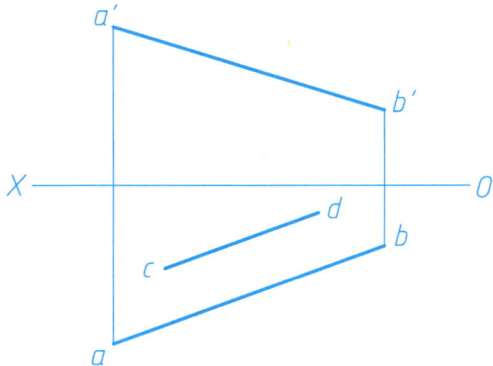

28. 已知直线MN与平面△ABC平行，点N在H面上，MN对H面的倾角为45°，求作MN的两面投影。

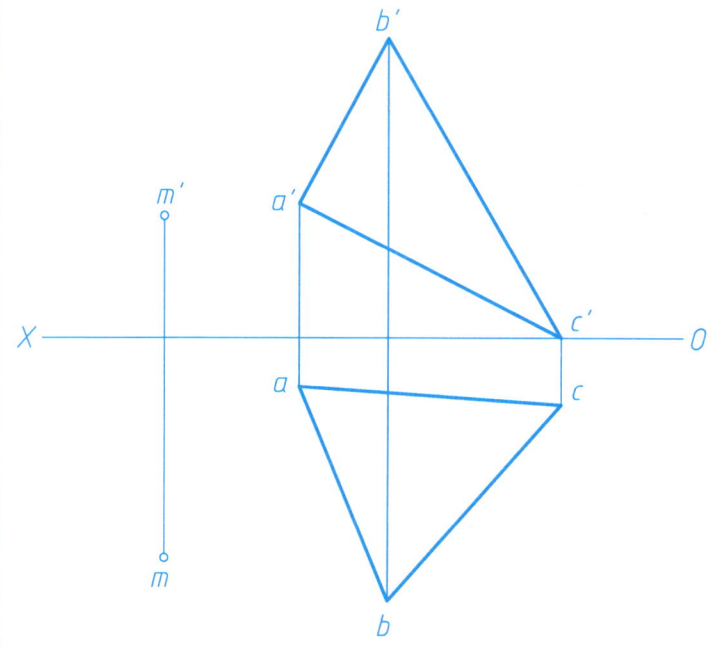

29. 已知圆柱面上点A、B的水平投影，图示另外两面投影的作图过程是否正确？错在何处？

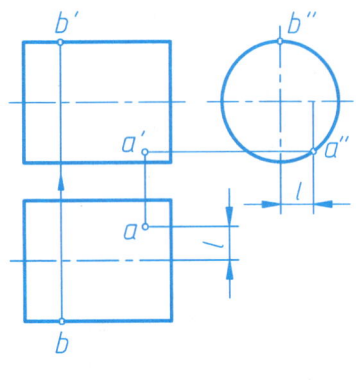

(1) _____

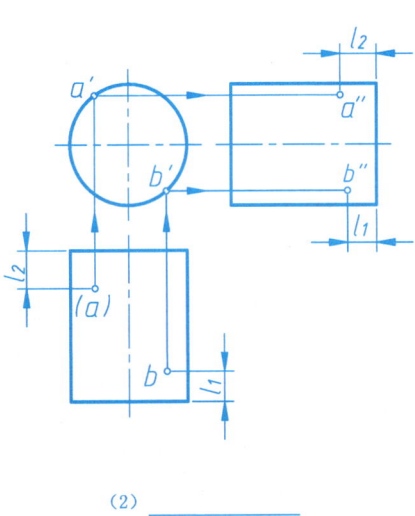

(2) _____

30. 指出图中所示曲面立体的表面是哪种回转面和平面。

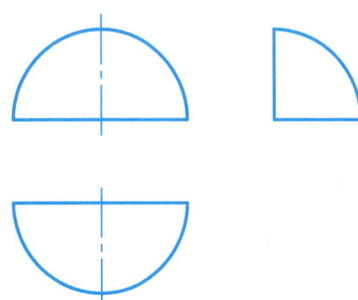

(1) _____

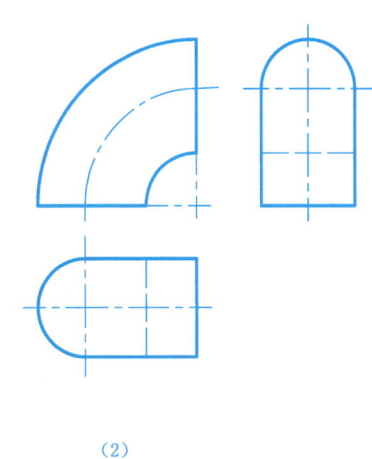

(2) _____

31. 判断点和直线是否属于立体表面。

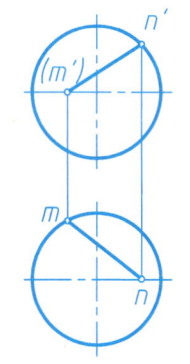 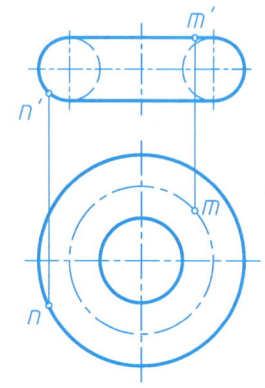

(1) _____   (2) _____

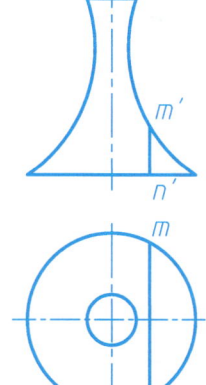 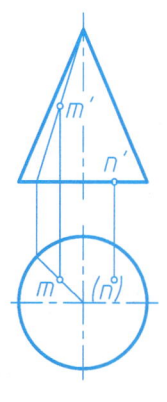

(3) _____   (4) _____

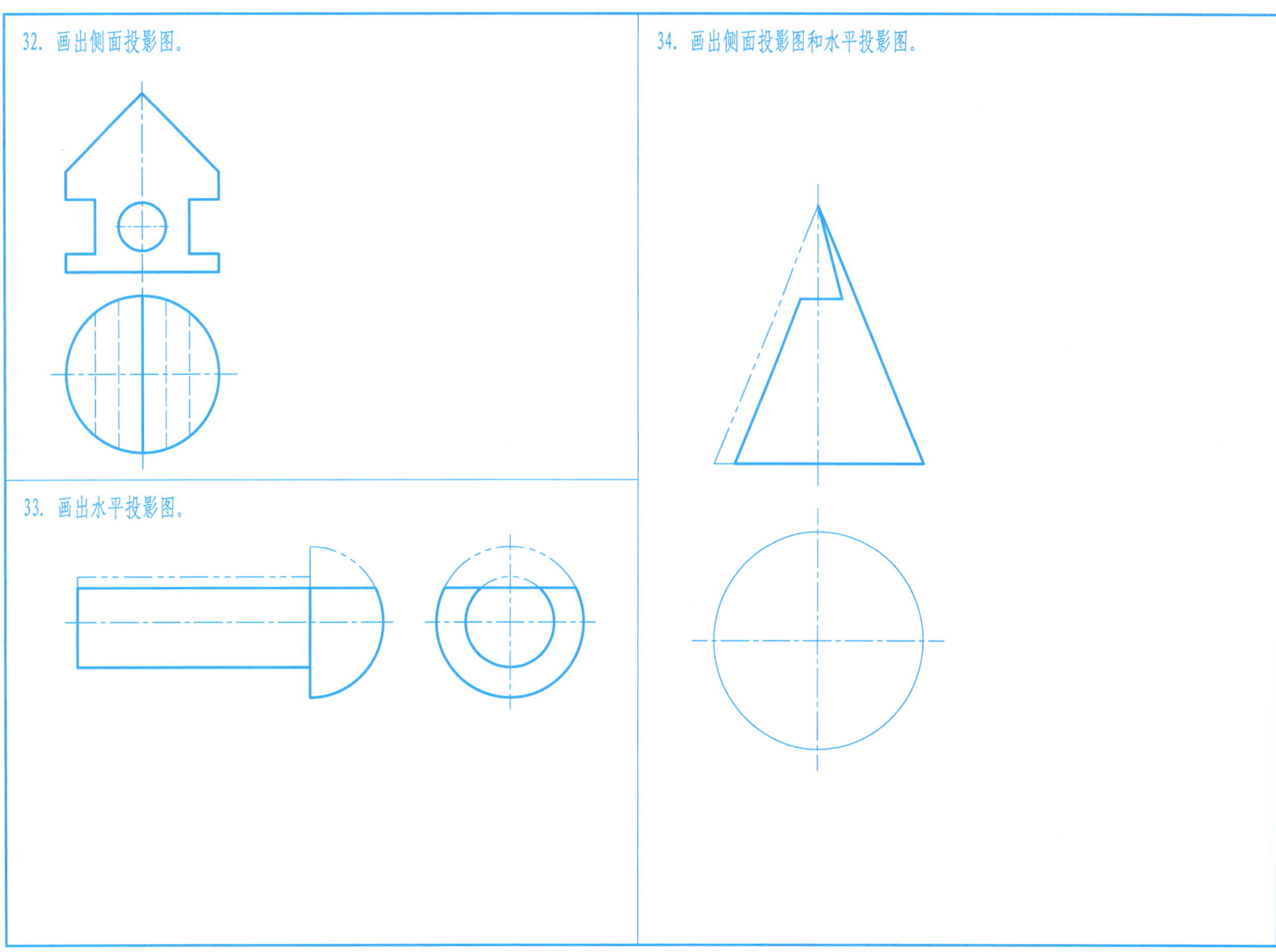

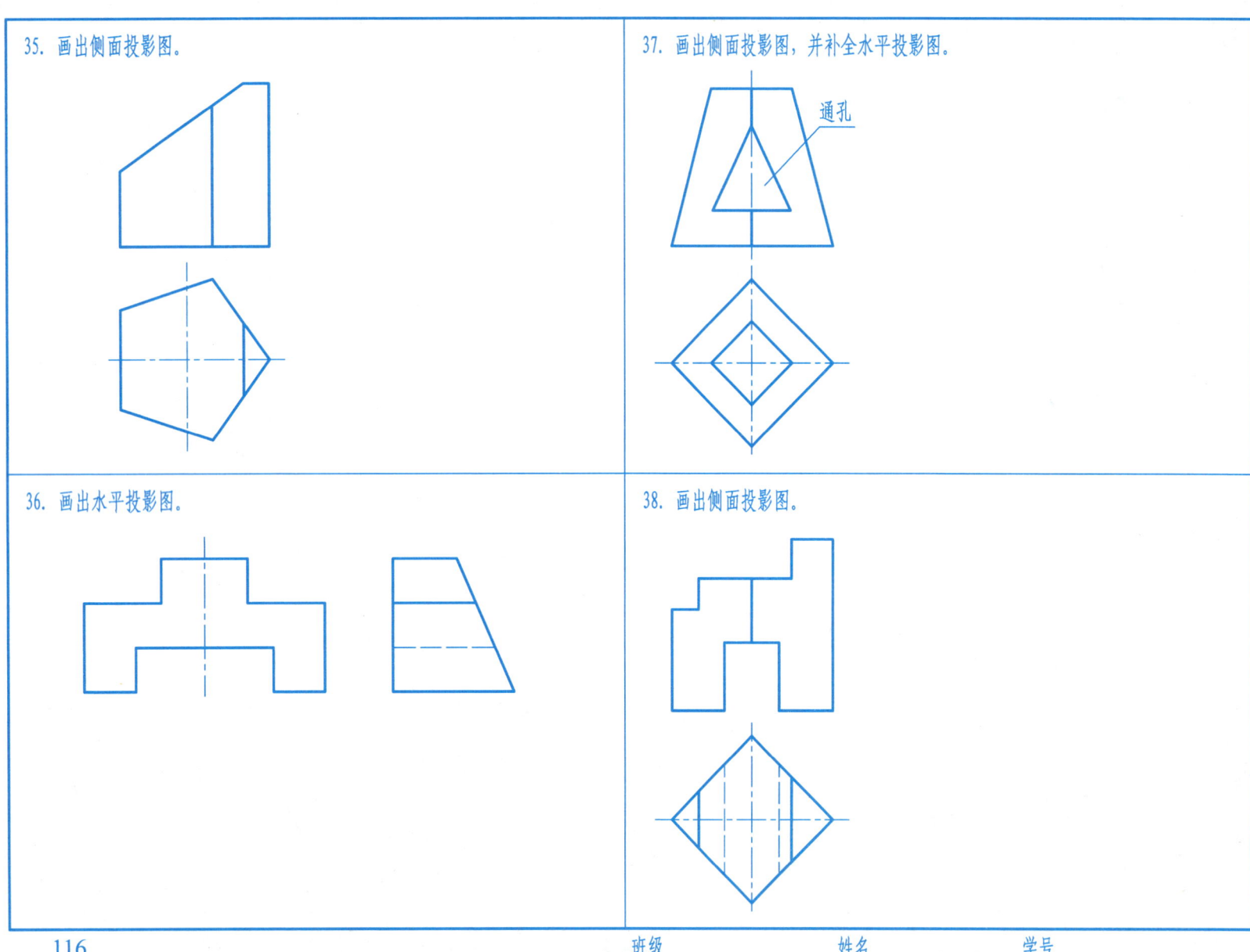

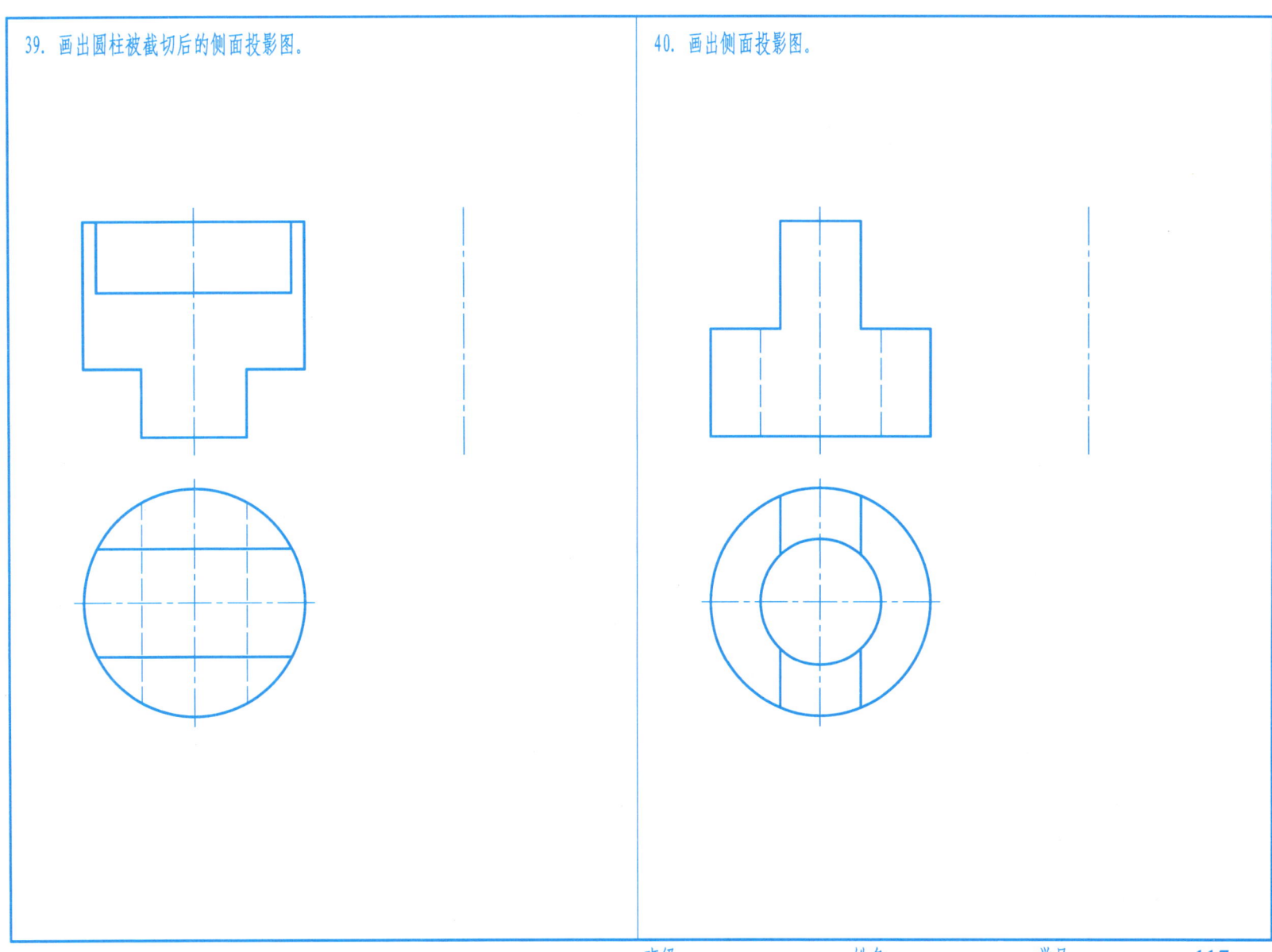

41. 画出正面投影图。

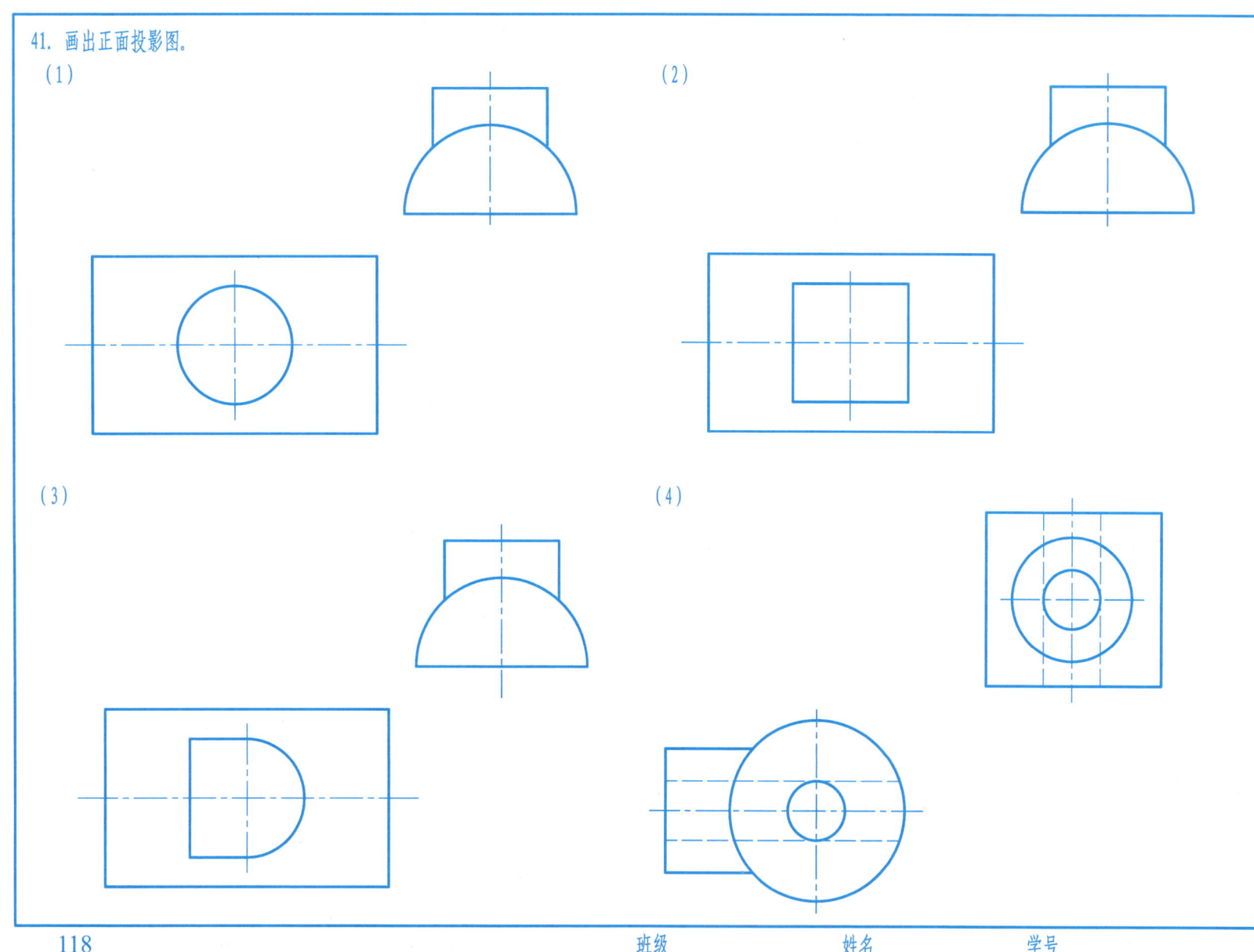

42. 画全圆柱与圆球相交的正面投影图。

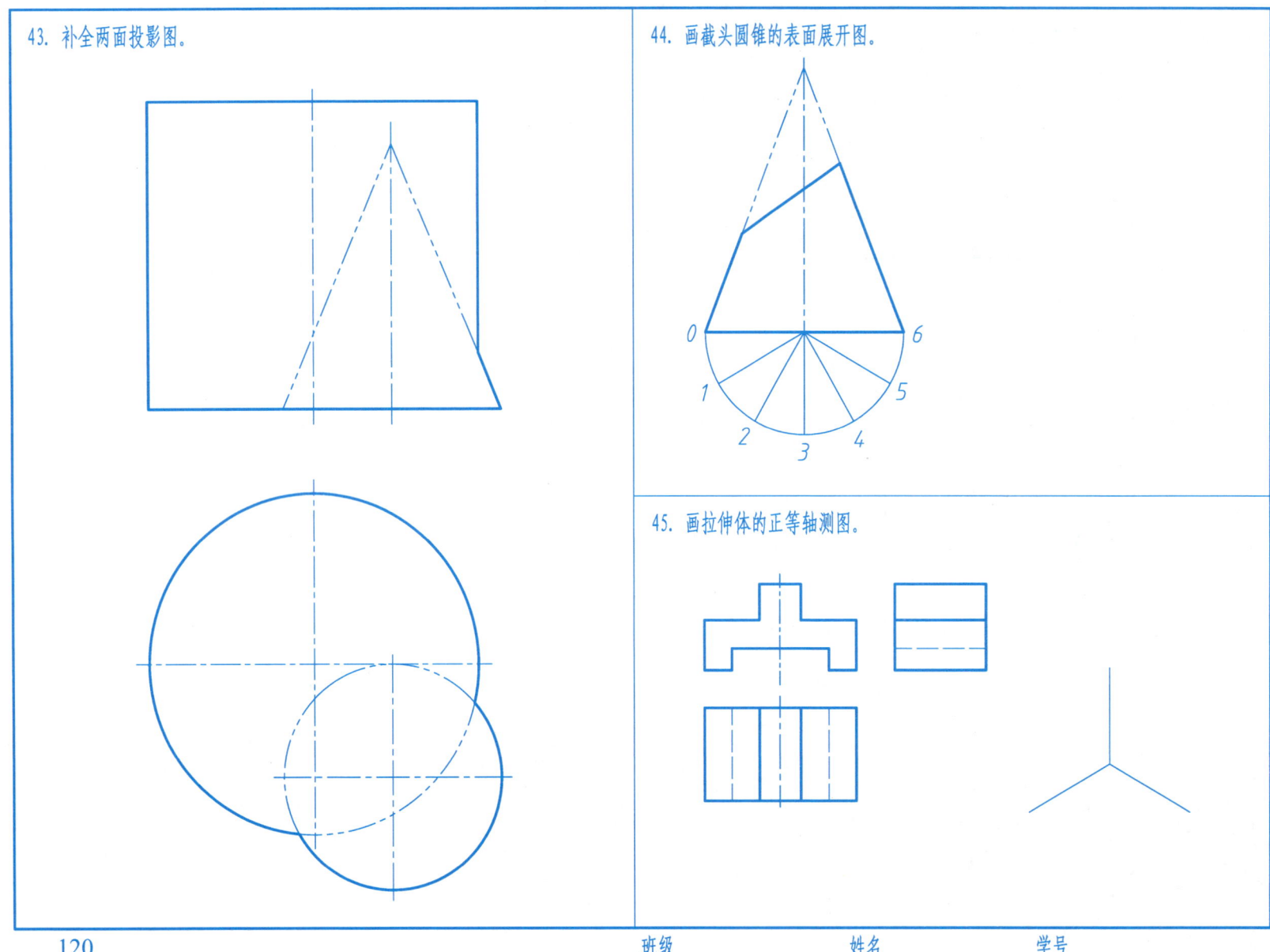

郑重声明

高等教育出版社依法对本书享有专有出版权。任何未经许可的复制、销售行为均违反《中华人民共和国著作权法》，其行为人将承担相应的民事责任和行政责任；构成犯罪的，将被依法追究刑事责任。为了维护市场秩序，保护读者的合法权益，避免读者误用盗版书造成不良后果，我社将配合行政执法部门和司法机关对违法犯罪的单位和个人进行严厉打击。社会各界人士如发现上述侵权行为，希望及时举报，我社将奖励举报有功人员。

反盗版举报电话　　（010）58581999　58582371
反盗版举报邮箱　　dd@hep.com.cn
通信地址　　北京市西城区德外大街4号　高等教育出版社法律事务部
邮政编码　　100120